日系美宅
打动人心的家这样设计

How to design
the beautiful
premium houses

[日] 杉浦英一 著
Eiichi Sugiura
谷文诗 译

化学工业出版社
· 北京 ·

目录

01 住宅之形

建造骨架稳固的住宅

02 住宅之颜

建造与周围环境和谐共存的住宅

03 绿满家园

建筑与植物相结合

04 生活之核

建造成为生活核心场所的住宅

05 钟爱之屋

建造具有附加价值的空间

06 浴室之趣

建造充满趣味的洗浴空间

07 美的楼梯

连接楼上与楼下的空间

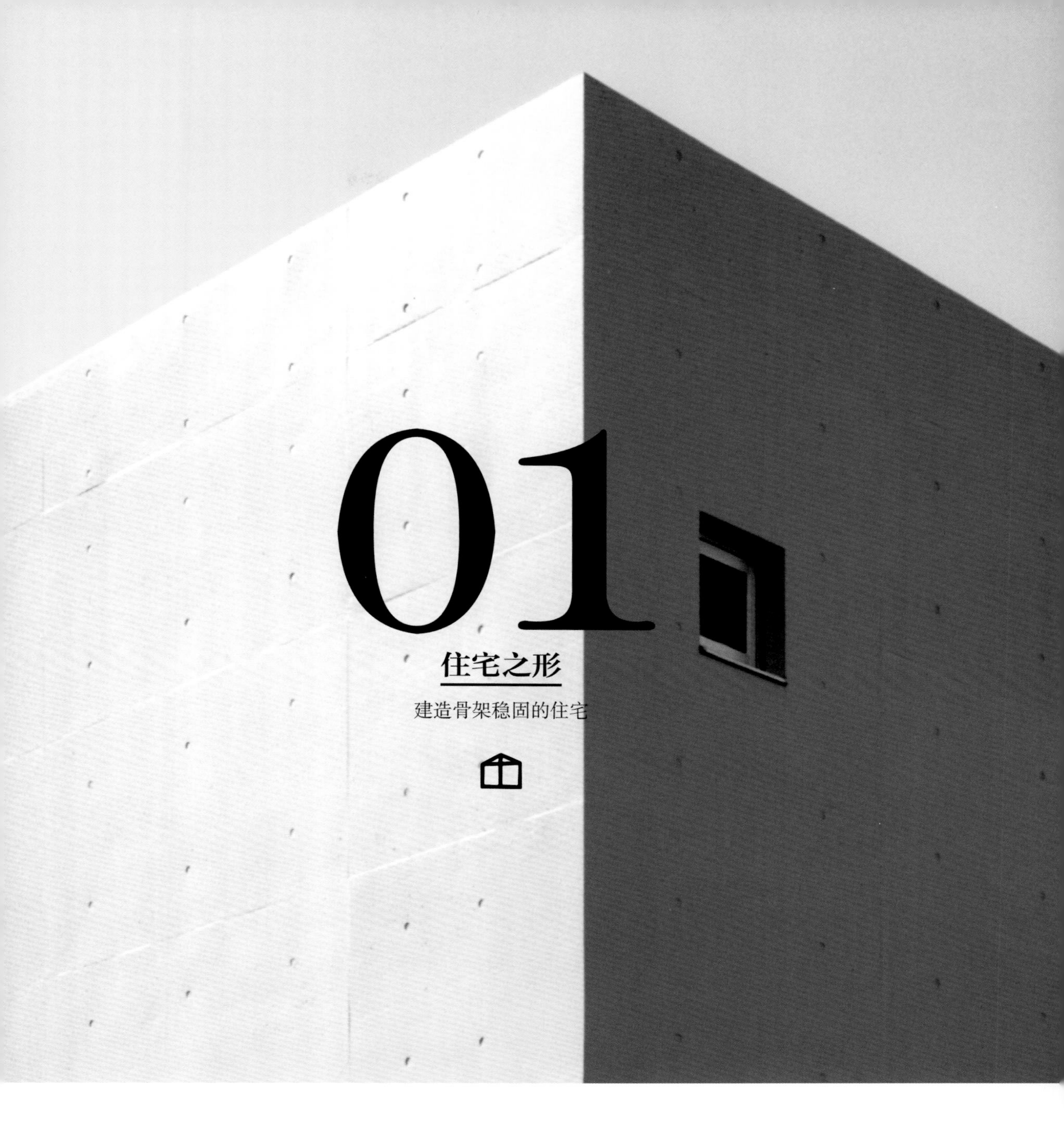

01 住宅之形

建造骨架稳固的住宅

设计住宅时，确定房屋的骨架是最重要的一步。这里所说的骨架，并不单纯指房屋的建筑结构，而是指包含建筑结构在内的住宅的整体空间构成。它可以算是建筑物的基本形态，是设计师在分析业主要求、建筑用地条件、周边环境等诸多因素之后，制定出的最合适的解决方案。可以说，能否造出一栋好的住宅，一半以上取决于设计师是否设计了一个好的骨架。

好的住宅，结构简单、明快。住宅结构虽然简单，但功能齐全，室内装饰和室外设施的结合自然流畅，可以满足各种生活场景需求——建造出这样的住宅，是建筑设计师们孜孜不倦追求的目标。

享受拥有中庭的生活

中庭兼作户外客厅

客厅的宽度约为3间[1]，外面紧挨着中庭，我们可以将中庭作为第二个客厅加以充分利用。

中庭外围使用合成木材的百叶窗式围墙进行围挡，既没有闭塞感，又可以和外部空间作出区分

[1] 间：日本长度单位，1间约为1.818米。——译者注

中庭可以使生活更加丰富多彩。住户可以在中庭赏花赏树，孩子们可以在这里嬉戏玩耍，偶尔还可以在中庭举办一次家庭聚会，为日常生活增添色彩。

很多人都希望可以住在带有中庭的天井式住宅中，这是一个在住宅集中的城市里拥有私人庭院的有效方法。要想使中庭成为一个更加富有魅力的空间，我们必须花费很多心思进行设计。首先，掌握基本的庭院布置方法是非常重要的。在中庭种一棵象征整个家的标志树，铺上和室内整体感觉相近的地板，再安装暖色的木质窗框，精心设计每一处布置，就可以装扮出一个令人心情舒畅的中庭。

中庭里溢出的温暖

客厅和餐厅上部为挑空设计。傍晚，室内的灯光和生活的浓浓暖意一同洒满整个中庭

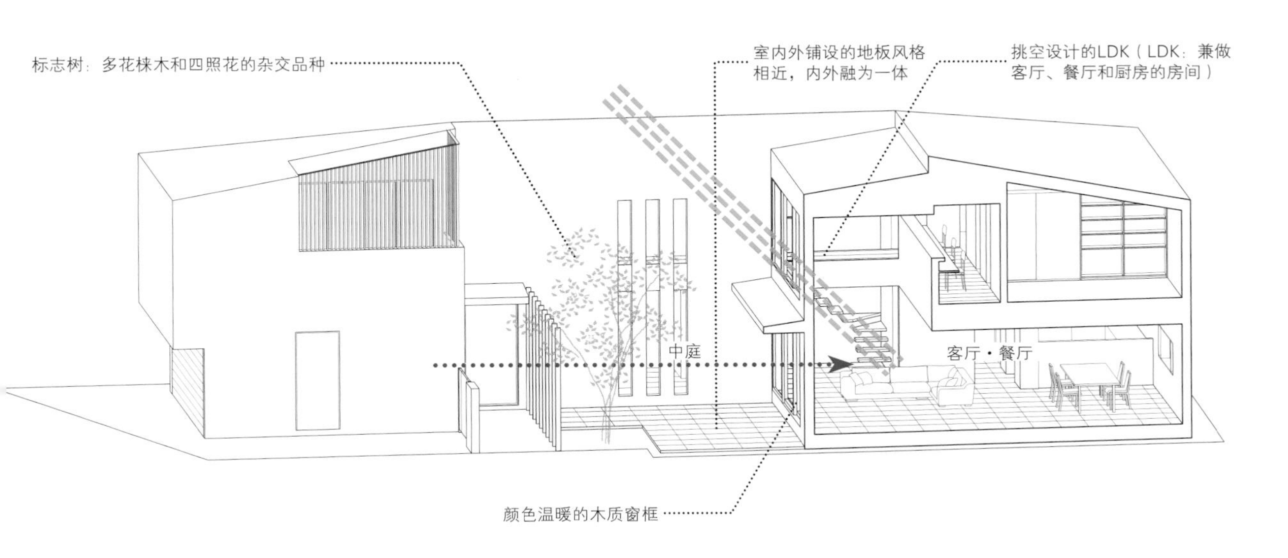

将壁炉安置在住宅的中央

一提起壁炉，大家自然而然就会认为它一定要背靠着墙壁，其实并不尽然。我们可以根据实际情况设置壁炉朝向，这样就能够在享受窗外阳光和风景的同时，感受炉火的温暖。此住宅为天井式住宅，房屋的中央是中庭，设计的主题就是“不需要蕾丝窗帘的家”。大大的落地窗朝向自家的中庭，窗户打开时，不需要在意来自他人的视线。壁炉安放在这里显得非常特别，坐在炉边时，既可以晒到阳光，也可以享受炉火的温暖。

享受拥有壁炉的生活

这是挑空设计的客厅和餐厅。可以同时享受中庭的绿意、温暖的阳光以及壁炉的炉火，堪称奢侈的组合

面向中庭打开门窗

外面的人看不到家中的情况，即使不拉窗帘也可以安心生活

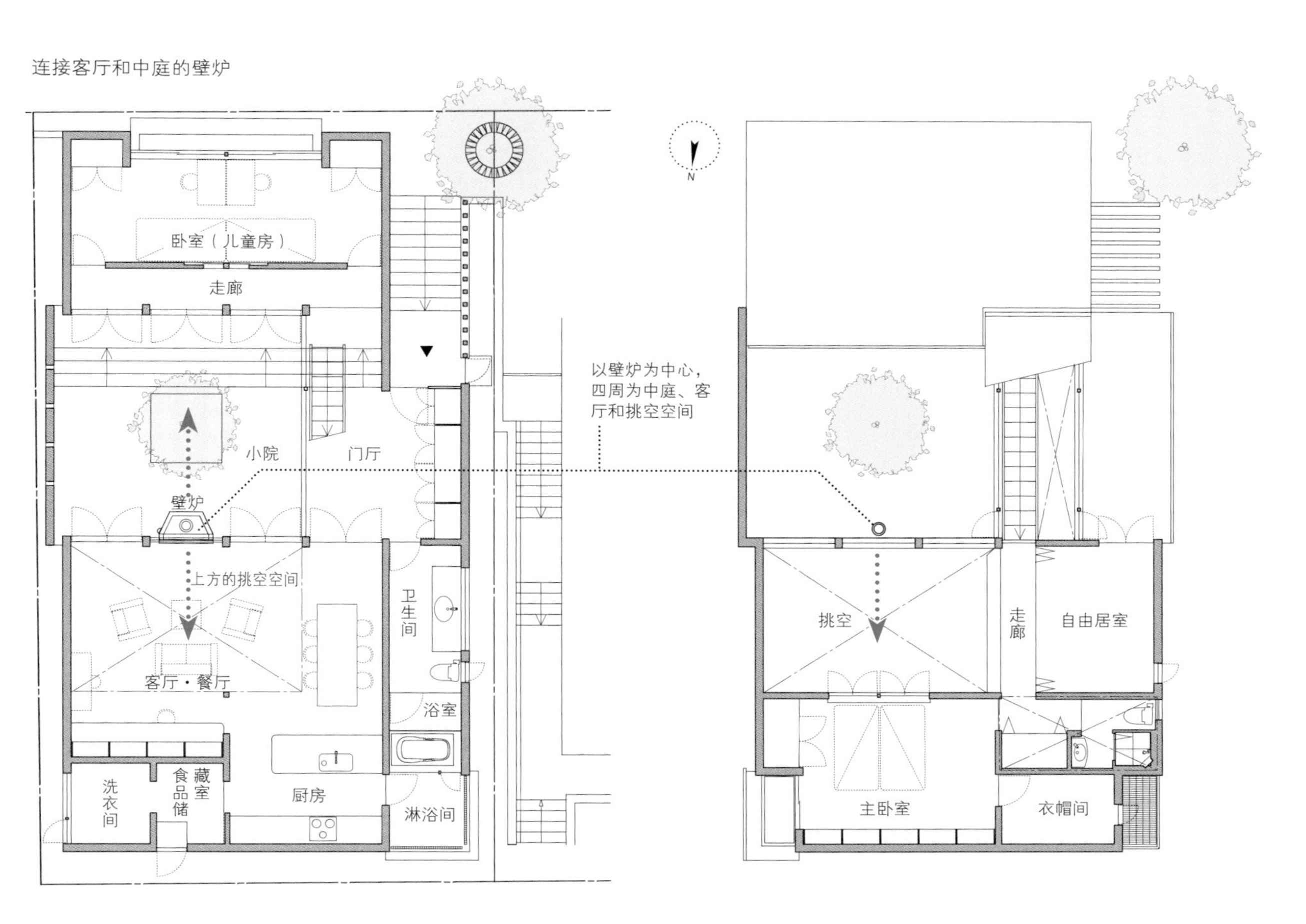

客厅与中庭都能享受炉火的温暖

奥泽的住宅2

傍晚时分的客厅

日落时分，暮色沉沉，唯有壁炉内跃动着的火苗格外显眼。接近地面的炉火，为这个家带来了宁静与温暖。

这栋住宅为天井式住宅，中心部分设有中庭，各个房间都朝向中庭而建。室外的中庭与客厅、卧室等房间相连。中庭与各房间所铺的地板相同，形成具有连续感的空间，营造出一种“无顶之屋”的氛围。中庭与客厅之间有玻璃窗作为隔断，玻璃窗的中心部分建有壁炉，在住宅的任何地方都可以感受到炉火的温暖。壁炉的正反两面均有炉门，在客厅和中庭两处都可以看到炉内的火苗。壁炉内火苗摇曳，生出丝丝人间烟火气，只是看着它就能感受到阵阵暖意。

带有双开门的壁炉

在客厅和中庭都可以看到壁炉内的火苗

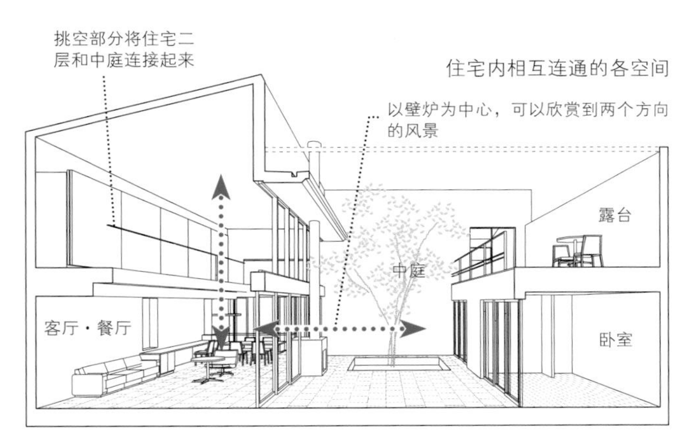

中庭对面的客厅

宁静的中庭风景

这所房子在四周广阔的自然环境中显得十分和谐，建筑物整体使用的都是可以与自然环境融合为一体的材料

日式风格的待客室

隔着中庭，可以看到对面的客厅

每个人都希望自家的住宅可以区分出家人的空间和来客的空间。这栋住宅内有中庭，室内有自家用和访客用两个客厅，通过玄关连接起来。如此一来，居住者就可以对访客和家人的活动区域进行分离和整理。此外，访客活动区域为平房，住户自家活动区域的中心是挑空的客厅，这种建筑形式既可以防止他人从住宅南侧看到住宅内的情况，还可以充分接收阳光。中庭门廊的中心种有一棵分枝的掌叶枫，是这所住宅的标志树，访客看到它可以感受到浓浓的季节感。

中庭将住宅一分为二

这所住宅分为南北两部分，分别为自住区与访客区。访客区为平房，自住区为二层小楼，这种设计可以保证自住区拥有宽敞开阔的视野

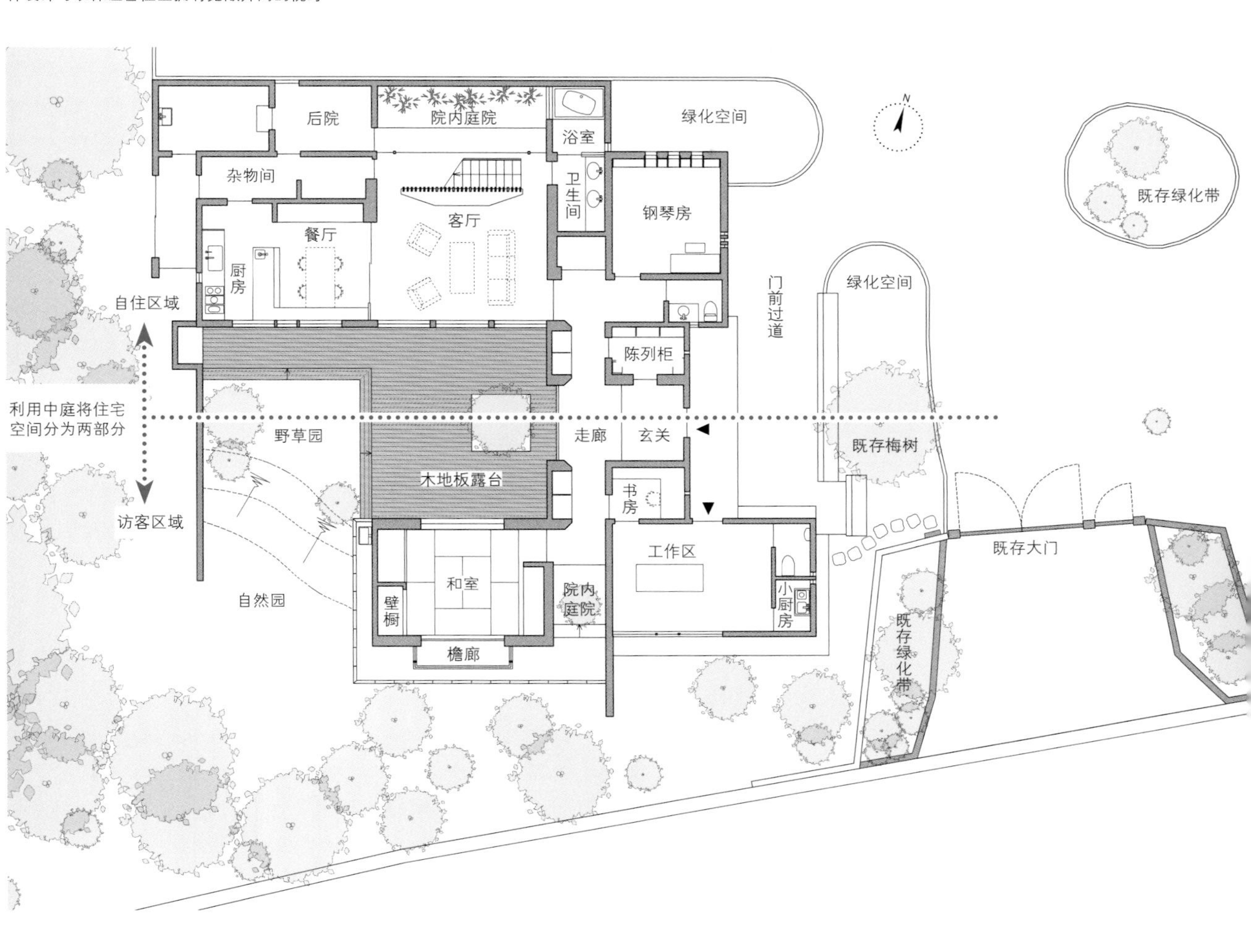

阳光透过中庭洒满餐厅

住宅里还保留着建房前就生长在这里的几棵大榉树

节奏感鲜明的阶梯状中庭

跃层户型通透明亮

此住宅为带有中庭的跃层住宅。客厅要比对面的房间高出半层，采光充足

跃层住宅的高低差

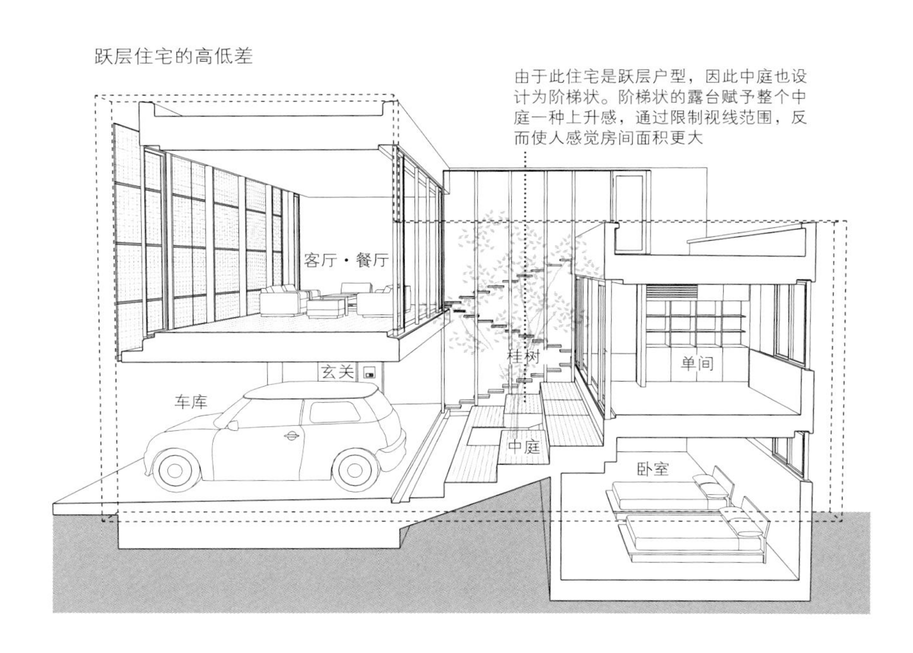

乌山的住宅

此住宅为跃层户型，各房间将中庭夹在中间，高度各差半层。因为有中庭的存在，家里的各个角落都能照到阳光。此外，由于各个房间彼此相对，且高度相差半层，因此在房间内可以观察到其他房间的情况。中庭的中央种有桂树，是这户住宅的标志，在家里的任何地方都可以感受到绿意。中庭为阶梯状，铺有木质地板，两端分别连着车库和卧室。

台阶上的桂树生机勃勃

桂树生长在中庭的台阶上，向着两侧的房间舒展枝叶。在中庭还可以看到室内一级一级的台阶，给人一种上升感和广阔感

生机勃勃的中庭连接各个房间

千驮木的住宅

生活在中庭高墙的守护之下

这所住宅的中庭像是一个没有屋顶的客厅，与室内的空间连在一起。中庭高高的墙壁守护着家庭生活的隐私

中庭的标志树

此户住宅中庭的标志树是桂树，为了确保在客厅内可以看到桂树最美的姿态，它枝叶的形状和朝向都经过了很多次的修整

住在城市里的人，即使下定决心给自己的房子安一个大窗户，也会担心邻居家会透过窗子看到自己家中的情况，结果常常就是整天都拉着蕾丝窗帘。这所住宅的隔壁紧邻着一座三层建筑，必须想办法遮挡来自邻居的视线。因此，设计师将中庭完全用高墙包围起来，并且所有的房间都朝向中庭而建。人在客厅的时候，可以看到中庭对面二楼儿童房的情况。此外，在高墙包围下的中庭，也很像一个没有屋顶的客厅。

各个房间朝向中庭而建

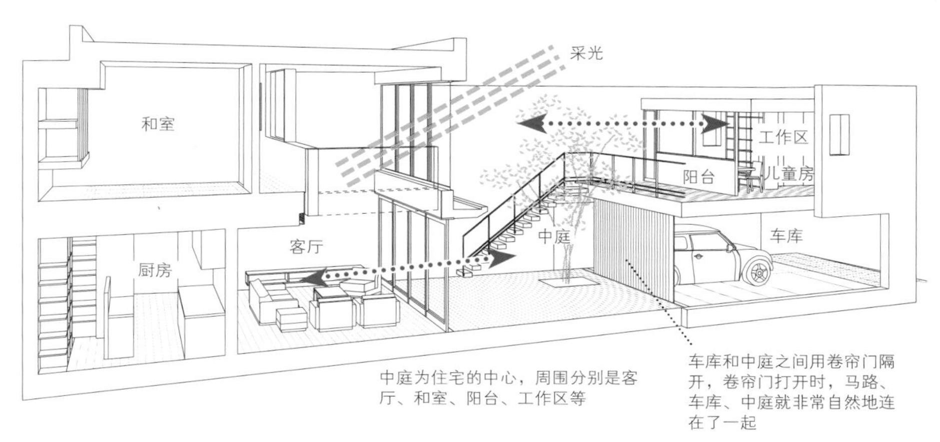

创新型中央空调令居住更舒适

令人感到温暖的建筑材料

住宅室内为佐久石地面，上铺有柚木地板，室外小院也是佐久石地面，室内外地面浑然一体，营造出暖意融融的LDK。庭院中种有枫树和冬青，四季都有绿意相伴

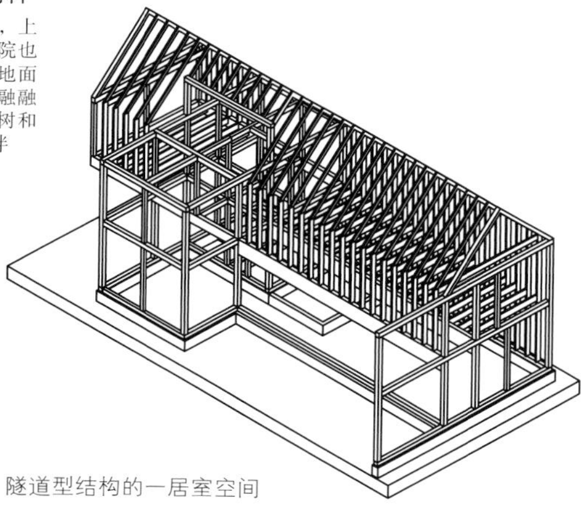

隧道型结构的一居室空间

这是一栋一居室，隔断少、空间整体感强是它的魅力所在，但从热舒适性的角度来看，这种户型结构并不占优势。为了弥补这一点，设计师设计了冬夏空气流向正相反的空调系统。夏季时，冷气从吊在LDK挑空部分的索斯风管（由具有通气性的聚酯纤维制成的袋装通风管）中渗出，逐渐下降，最终被导入一楼地板上的缝隙中。冬季时，暖气从一楼地板上的缝隙中涌出，逐渐上升，最终被导入索斯风管的风口中。设计师利用了空气自身的性质，设计出这款高效的空调系统。

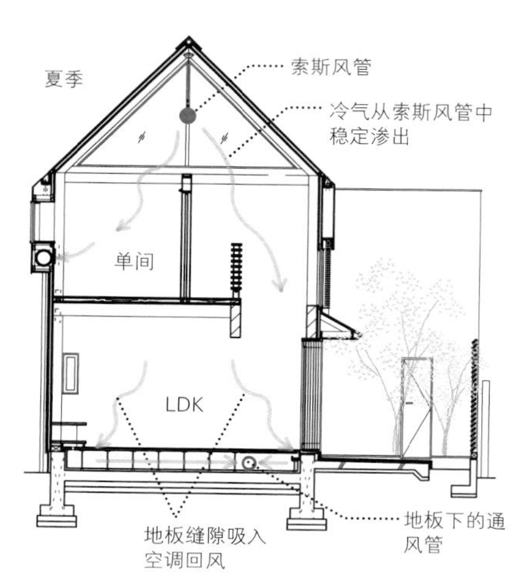

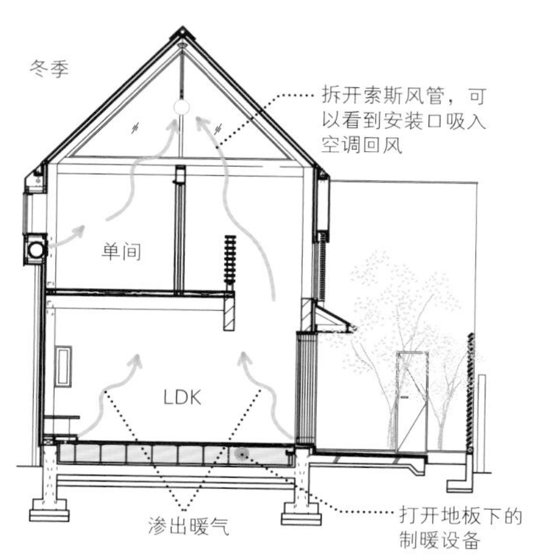

朝向庭院的明亮挑空房间

南北狭长的户型

由于住宅的两端是挑空设计，因此位于中央部分的客厅和餐厅也能获得充足的阳光

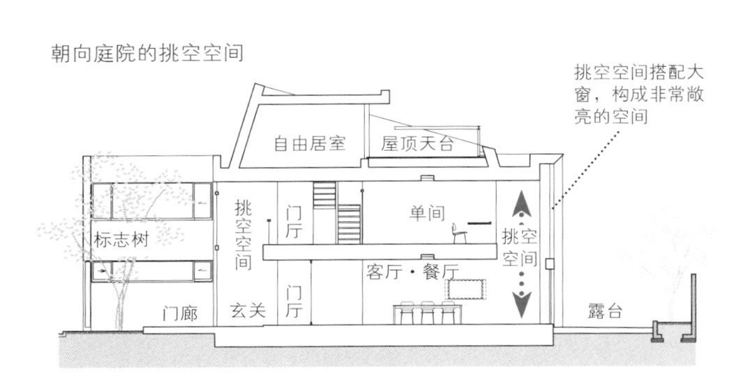

在城市中生活的人，最希望得到的就是一处阳光充裕的生活空间。要在面积有限的建筑用地上，最大限度地确保住宅采光良好，其中一个有效的方法就是设计一个朝向室外的挑空空间。如此一来，即便是在太阳高度较低的冬季，阳光也能照射到房间深处。通过选用开放性较高的门窗构建，可以使庭院、挑空空间、生活空间成为一体。

使中庭变身为舒适的客厅

挑空设计使得整个住宅更有整体感。中庭与客厅和餐厅铺着相同风格的地板

下井草的住宅

对建筑密度受限的贵重地皮进行建筑规划时，最重要的就是“将地皮的边边角角都变为生活空间”。但建好后，不知不觉还是会有室外的空间，这些留在外部的小块空地非常可惜。这时，可以将室外室内作为一个整体看待，使室外空间与室内空间产生连续感，通过地板等细节上的修饰，将室外空间改造成一处极佳的客厅。在条件允许的情况下，还可以在室外种一棵树，树荫下清凉舒适，家人可以在这里用餐，孩子们也可以在这里玩耍。

风格一致的地板

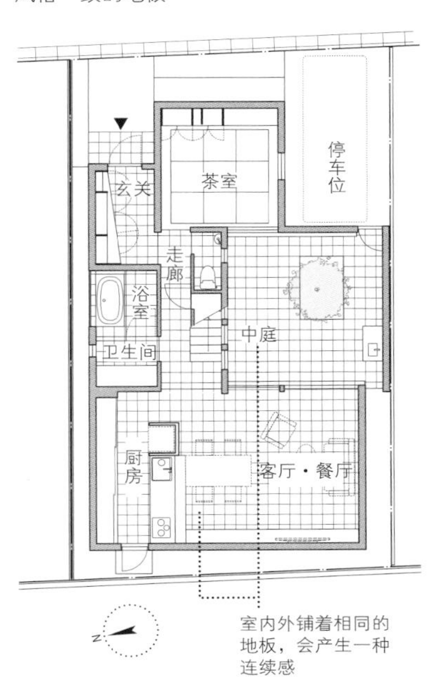

土间❶与庭院连为一体

这所住宅的室内与室外体现出一种连续感，令人心情舒畅。但室内和室外并不是直接连在一起，而是营造出一种"像室内一样的室外"和"像室外一样的室内"空间，将室内和室外两个空间更加有机地结合在一起。这是一种日本传统的思维方式，日本人通过巧妙地利用这类暧昧的空间，将住宅打造成为四季宜居的住所，紧贴自然，节能环保。在设计现代住宅时，我们仍然可以利用这种思维方式。

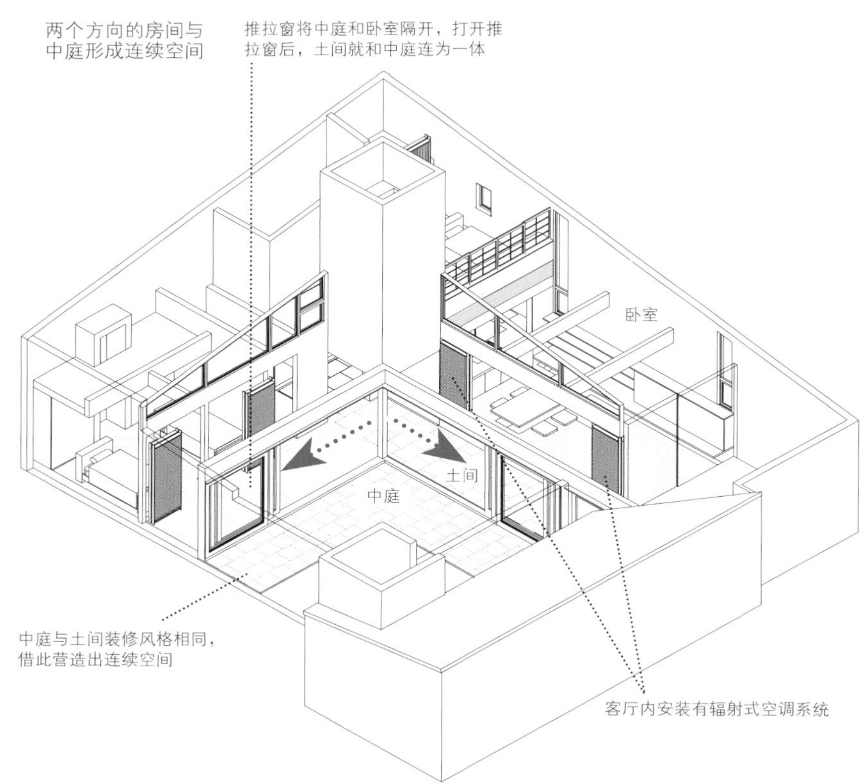

❶ 土间：日式房间内没有铺木地板的砖石地面房间。——译者注

日式风格装饰

房间临近室外的部分没有铺地板，这一块地面要略低于室内木地板地面，这种设计可以使室内空间自然过渡到中庭。在这处无地板的地方还可以摆一个小柴炉烤火

家中处处可见葱葱绿意

建筑物的四周设计有多个不同特色的小庭院，无论在屋内何处，都可以感受到庭院的葱葱绿意，居住环境舒适宜人。这些小庭院各具特点，有的可远观，有的可亵玩，它们赋予了生活另一种深度，让我们亲身感受到与绿意相伴的生活是多么丰富精彩。

观景窗
在玄关长廊透过观景窗可以眺望到庭院内的优美景色

住宅内配有5个庭院

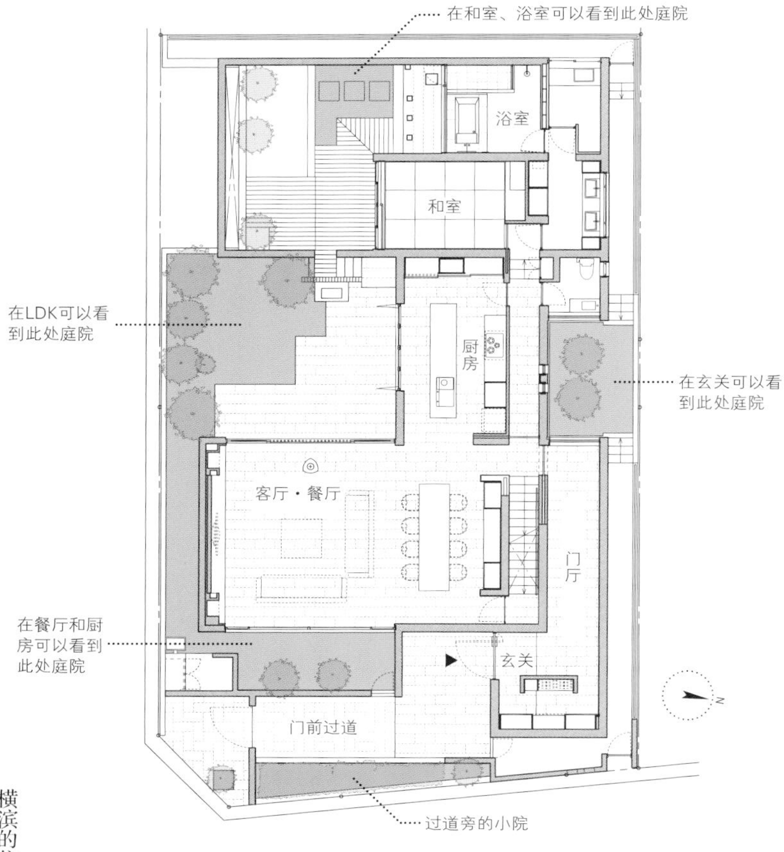

阳光充足的客厅

客厅&餐厅内除有朝向天井、中庭的玻璃窗外，在房间左侧靠近地面的地方还有一排矮窗，阳光可以透过这些窗子照射进来

与中庭的标志树共同生活

前桥的住宅

娑罗树是这户住宅的标志

娑罗树的树形是天然形成的，具有很强的存在感，在中庭四周的任何房间内都可以看到它

留在访客记忆中的场景

人站在玄关，一眼就可以看到这棵标志树。它的树形独特，提升了整个住宅的格调

三间屋子与玄关将中庭围在中间

中庭位于整栋住宅的中央，地面铺有木地板，娑罗树就生长在整个家的中心位置，是此户住宅的标志树。设计师这样设计的原因，是为了使住户在这个家的任何地方都可以感受到这块空间的存在

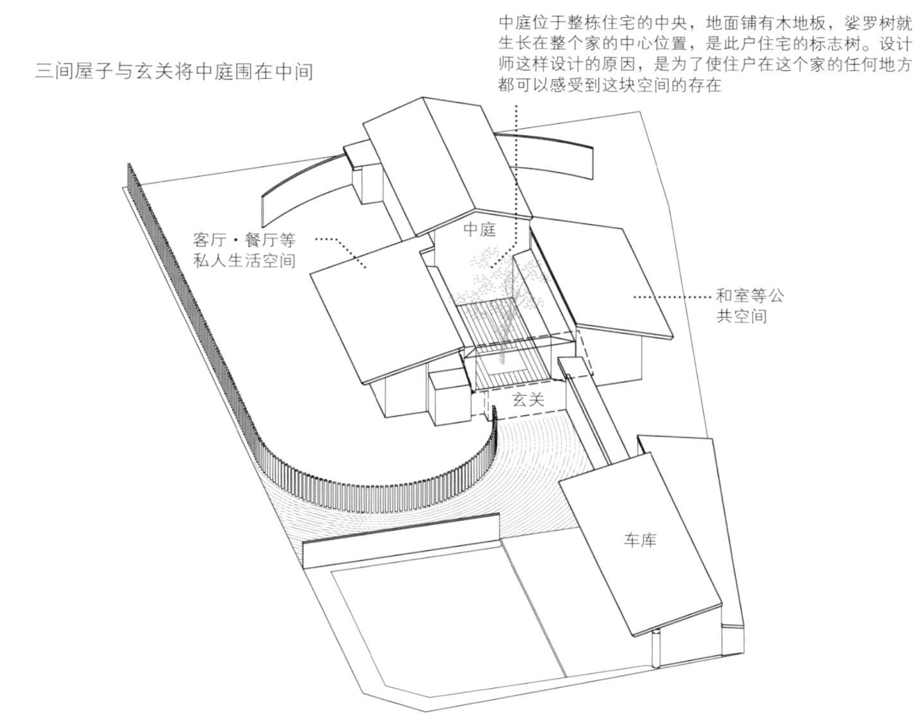

与紫薇树来一场亲密接触

树既然是生物，自然就需要人的照顾。为了使树木长成家人理想中的形状，最重要的就是要栽一棵家人喜欢的类型。每种树都有自己独特的树形、花形、叶形与香味。如果种下的树是你所喜欢的，你自然就会对它倾注情感，树木也就会茁壮成长，长成照顾它的人所喜爱的模样。

开放式客厅

这家的居住者喜欢绿色植物，建房时，设计师根据住户的要求进行设计——保留建筑用地上的树木，并设法使住宅和外部植物和谐共存

装点夏季时光的紫薇树

每逢夏日，紫薇树就会开满红彤彤的紫薇花，周围的人也可以欣赏到这一美景。右侧的树是开花的山樱

活用住宅内外的两棵绿树

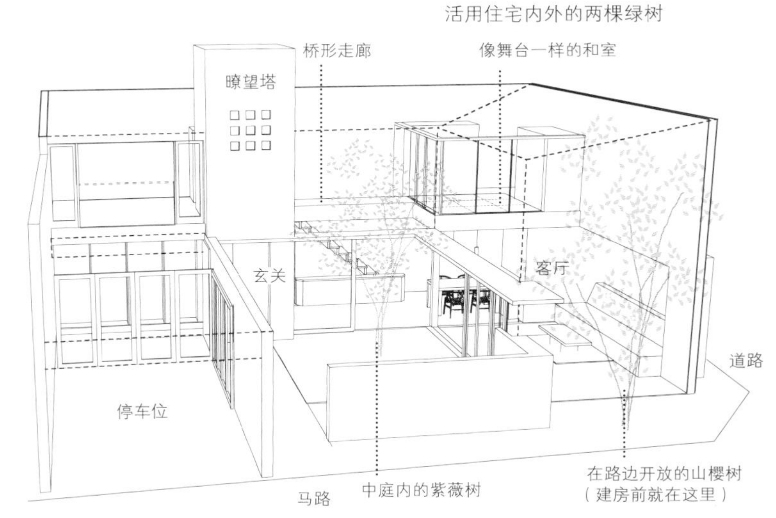

稻田堤的住宅

营造整体感的中庭与客厅

如果中庭的面积较小，我们可以将中庭四周的墙壁涂成亮色，如此也可营造出一处阳光充裕的空间。将室内的墙壁涂成与中庭墙壁一样的颜色，可以表现出整体感，令人感觉空间非常大。这处住宅并没有使用铝制窗框，而是采用一种消除了边框感的窗框，增大了空间的连续感。

用于采光的中庭

此户住宅为三层建筑，一楼为半地下室结构，所有房间朝向中庭而建。中庭采光较好，阳光可以通过中庭照射入室内

视线可穿过中庭看到对面

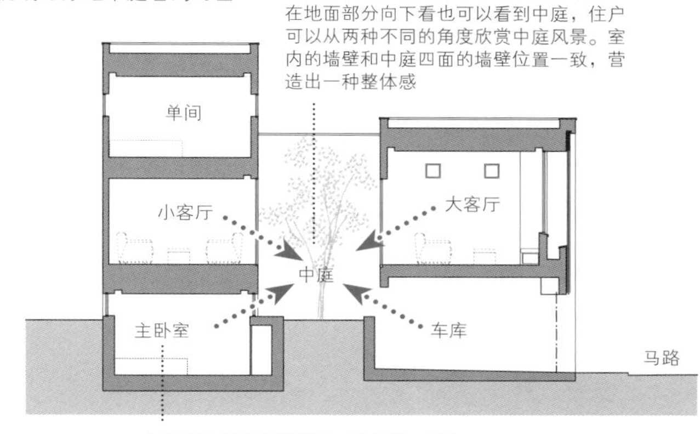

在房屋的地下部分向上看可以看到中庭，在地面部分向下看也可以看到中庭，住户可以从两种不同的角度欣赏中庭风景。室内的墙壁和中庭四面的墙壁位置一致，营造出一种整体感

由于建筑用地地形限制，住宅的一楼有一半在地下，中庭的位置比一楼高半层

中庭墙壁与室内墙壁体现出连续感

居住者在小客厅时，可以透过中庭看到对面的大客厅。走廊和楼梯也设计成镂空式，人可以透过它们看到对面屋内的情形

室内地板延伸到中庭

在自己家中随时可以感知到各个房间的情况是一件非常快乐的事情。无论身处住宅何处，对面都是与外界隔离的家庭生活场所，可以随时感受到家人的一举一动。住户在客厅时可以看到儿童房里的情形，但两间房间并没有建在一起，所以不会感觉距离过近。遇到好天气时，可以将窗户全部打开，室内空间和中庭空间就会连在一起，给人一种从未想象过的新鲜感。在屋外生活并不算非常特别的生活方式，但却会令我们留意到日常生活中不曾注意到的小细节。

木质窗框与环境融为一体

中庭三面的窗框均为定做的木质窗框。窗框需要维护保养，居住者需要小心对待

住宅地面全部铺设木地板

工作间

客厅・餐厅

玄关

儿童房

主卧室

窗户打开后，中庭和客厅、餐厅就成为一个整体

享受野外生活

将中庭三面的窗子全部打开，室内与中庭就连在一起形成一处开放性空间

住宅内设五间独立单间

全家齐聚的客厅·餐厅
走廊与木地板露台将五间单间连在一起，整栋住宅的中心位置是客厅和餐厅

类似合租屋的户型

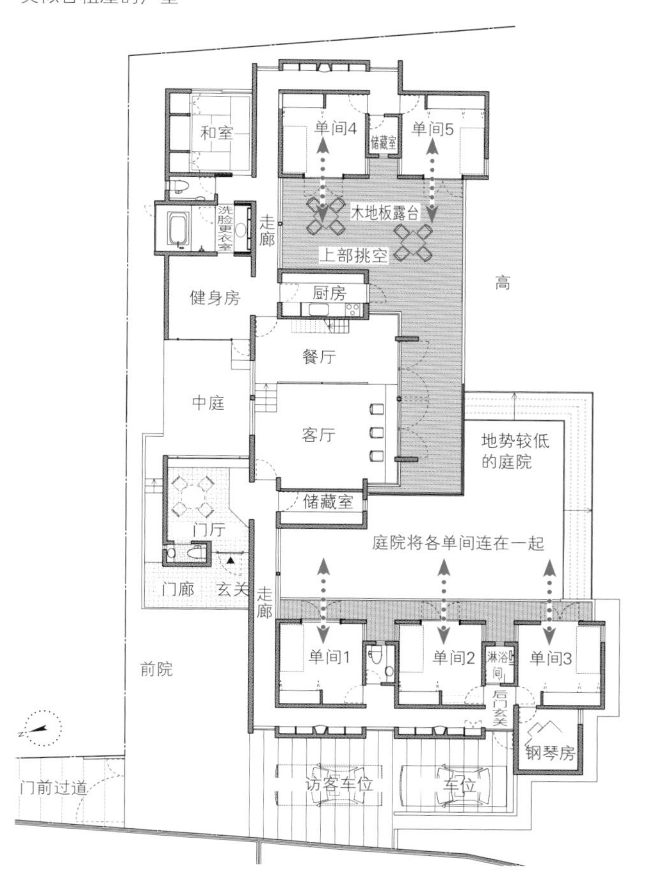

绝妙的距离感
照片中右侧为客厅，里侧的两间房间分别为单间2和单间3。木地板露台将各人独立的生活自然地连在一起

这所住宅可供包含夫妻二人在内的五位成年人居住。对于成年人来说，有一间能够保护自己隐私的单间是十分重要的。这些单间与隔壁房间并不仅仅是一墙之隔，中间还隔着收纳间或是浴室等，因此独立性更高。即使发出一些声音，隔壁房间也不会听到，这种心理上的距离感令人感到舒适。单间之外的地方，都是全家共用的空间。设计师尽力将这里营造成体现家族整体感的宽敞空间。这所住宅有些类似日本从前的回廊式住宅，人在屋内可以看到很远的地方，这种距离感体现出生活的深度。所有的房间都和庭院相连，可以更近距离地感受到植物的存在。这栋住宅由于地皮面积大，所以建成平房的形式。如果想要设计一栋室内和中庭整体感极高的住宅，平房建筑是一个理想的方案，但是从某种意义来说，这也是一个非常奢侈的方案。

北镰仓的住宅

两架楼梯营造自由灵活的动线

利用两架楼梯将动线连在一起

一楼是主卧室和儿童房等。二楼是厨房、餐厅和客厅。玄关处的楼梯和日光浴室所在的楼梯构成了一个环形的移动路线

日光浴室的大玻璃窗

客厅位置高于日光浴室，客厅内设有壁炉。日落后，壁炉中的火苗愈发显眼，酝酿出阵阵暖意

当户型偏细长时，如果选择用走廊连接各房间，很多时候会呈现出一种房屋中央就是一条走廊的效果。此户住宅在细长方向的两端设计了两架楼梯，用来代替走廊，各屋的面积也相应得到增加。此外，室内的动线为环形，既体现出住宅的深度，也可以应对生活中的各种需求。在一个“走不到尽头”的家中，更容易有效利用所有的空间，使房间显得比实际面积更大。

木质框架构成的复式户型

房屋骨架也是室内装潢的一部分
客厅位置要高于一体式餐厅厨房，从眼前一体式餐厅厨房的视角去看客厅，是一种非常新鲜的体验

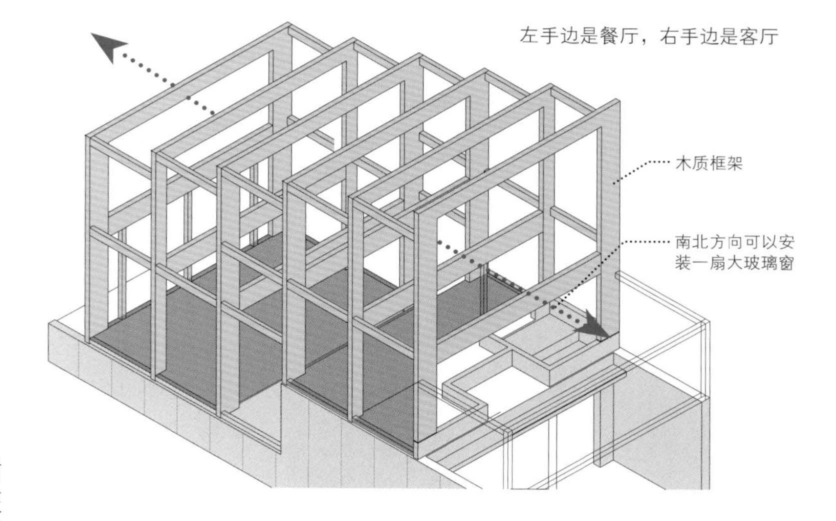

由于建筑用地条件等因素的影响，有时需要在住宅南北方向开很多扇窗，东西方向则基本不设窗户，这种情况更适宜选择木质框架结构。

与以往的木质结构相比，此户住宅的木质框架结构必须要有很大的立柱和横梁，设计师故意让它们暴露在外面，作为室内装潢的一部分。因为是跃层户型，各层之间具有连续感，整栋房屋就是一个大的开间。阳光通过大玻璃窗照射入屋内，充满整个房间。

松之木的住宅

以顶梁柱为中心的现代住宅

此户住宅为以顶梁柱为中心的“田”字形结构户型，是日本传统住宅样式之一。设计师将现代住宅设计为传统的“田”字形结构，使各楼层立体地结合在一起。为了尽可能有效利用宝贵的建筑用地，设计师在住宅中建造了一处地下室。地下室不参与容积率的计算，顶棚为干性被覆层，上方为天井，保证了地下的采光与通风，完全可以作为生活空间使用。

三层“田”字形结构住宅

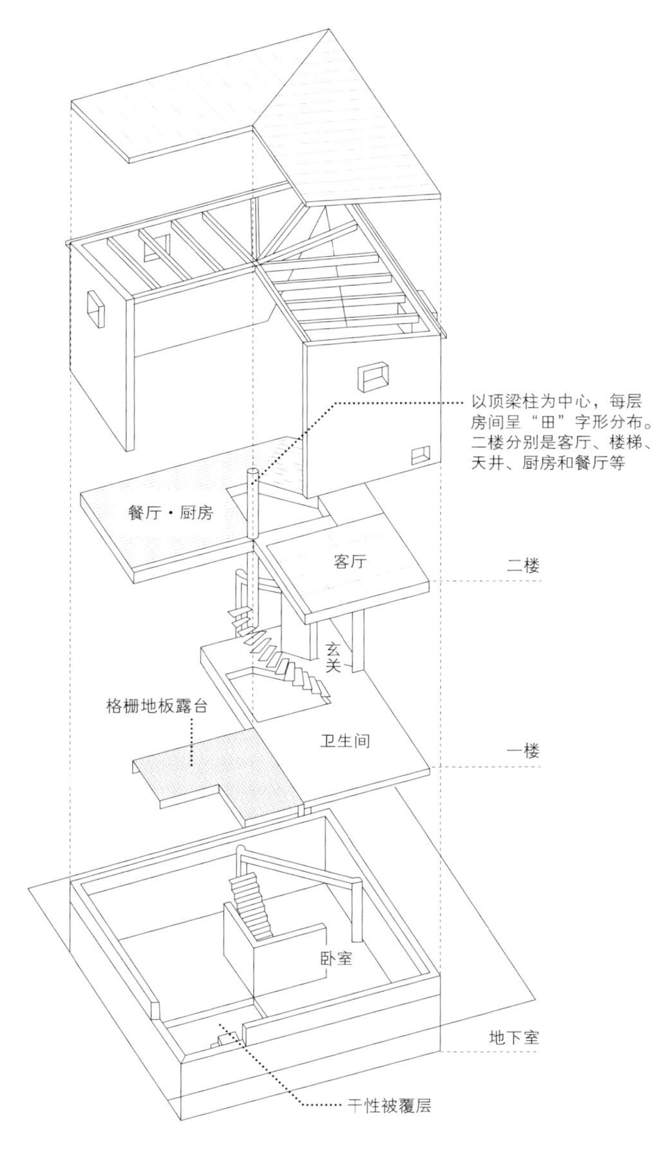

“田”字形结构的现代住宅

将“田”字的一个方块设计为室外天井，它就变成了现代住宅结构

顶梁柱存在感十足

站在玄关楼梯处，透过挑空空间可以看到照片中的生动场景，二楼的房屋结构以顶梁柱为中心进行设计，挑空部分为木质结构。

各个房间立体地连结为一体

这栋住宅的平面图为汉字“田”字形结构。但房间结构并不是在水平面上呈“田”字形，设计师将“田”字形中的四个正方体空间分别设计为跃层形式，使各个房间立体地连结为一体。从住宅最底层向上看，可以看到书房、储藏室、浴室、客厅、室内露台、餐厅与卧室，各房间之间略有重合，具有连续性，一直和住宅最高层的“塔顶”连在一起。由于各房间的水平位置略有变化，因此在上楼时，人不会意识到自己在爬楼梯，自然而然就走到了楼顶。此外，屋顶上铺有一层特氟龙苫布（与东京巨蛋使用的基本相同的材质），阳光可以照入屋内，采光极佳。

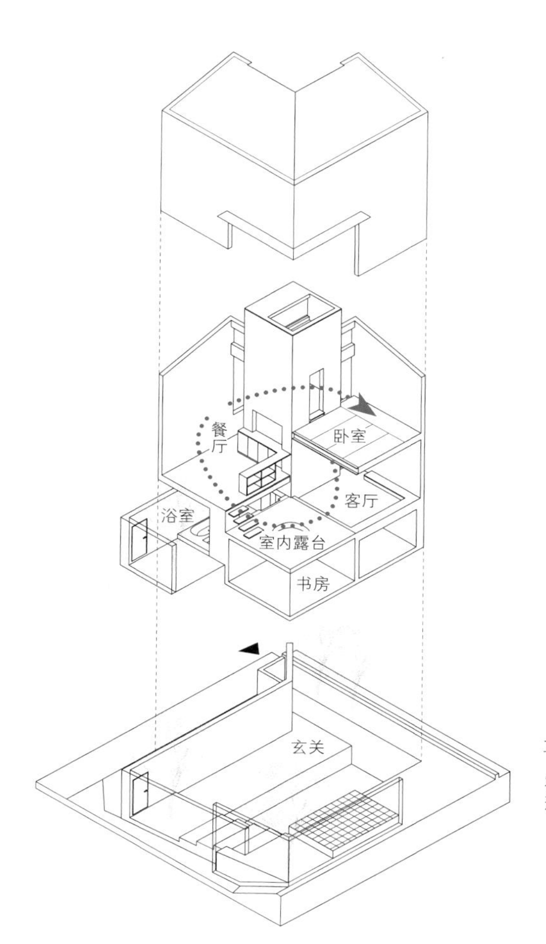

立体的“田”字形设计

客厅、餐厅、卧室等房间呈螺旋状分布，形成立体的“田”字形结构

“田”字形结构的复式户型

照片中左下部分为室内露台，向上登几级台阶就是餐厅。“田”字形结构逐渐在眼前立体地展开

利用斜线进行室内装潢

为了营造出上升感，设计师在对地板和塔楼墙壁进行装潢时，将材料斜铺，制造出一道道斜线。塔楼的内部是厨房

圆形立柱将复式户型各房间连在一起

圆形立柱遒劲有力，令人印象深刻

客餐厅与卧室在四根圆形立柱周围呈上升状分布。圆形梁立柱之间设置有辐射式空调

以楼梯为中心的“田”字形结构户型

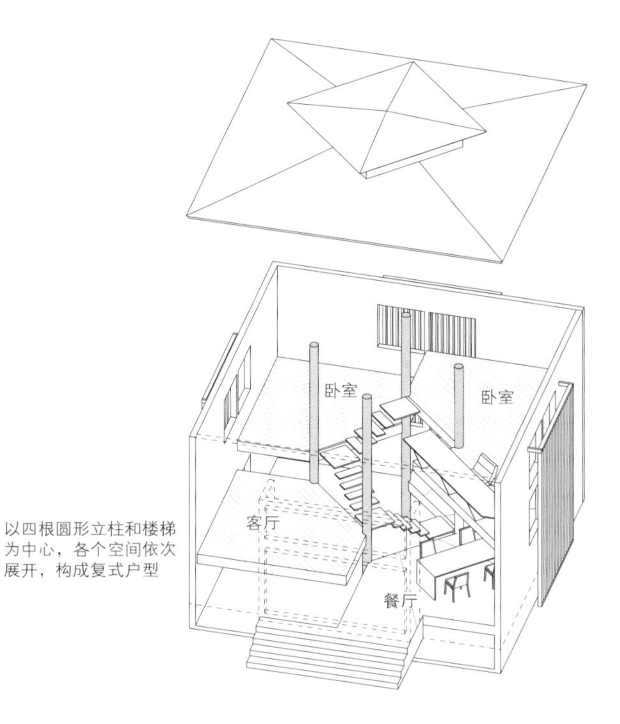

以四根圆形立柱和楼梯为中心，各个空间依次展开，构成复式户型

楼梯原本只是将各个房间串联起来的一处空间，是房屋结构的配角。这栋住宅的整体结构是一个大单间，设计师在房间的中心设置了楼梯，将其作为主角处理。以此楼梯为中心，客厅、卧室等依次分布，各小房间的水平位置稍有不同，构成复式户型。住在这里就好像住在很大的楼梯间中一样，尽管房屋整体仅仅是一个开间，但各个生活空间组合在一起，无论在视觉上还是在动线上，这里都变成了一户充满乐趣的住宅。空调为辐射式空调，可以制冷制暖，能够将大开间打造成四季怡人的居住空间。

保持良好距离感的亲子户型

当父母与子女两代人住在一起时，彼此都会希望自己可以拥有独立的房间，但又希望这些独立的房间能够相邻。这栋住宅由两栋独立的小楼构成，不需要担心对楼下形成噪音干扰，彼此的生活都可以得到尊重。此外，两栋小楼之间通过木地板露台相连，露台与住宅外的世界相隔离，家长可以放心让孙子辈在这里玩耍。住户透过露台可以感受到隔壁小楼的生活情况。两栋小楼相邻而建，均为“田”字形结构，适宜父母和子女两代人一起居住。

两代人相对而居

照片中靠里侧的建筑为子女一代居住的小楼，靠前的建筑是父母一代居住的小楼。两栋小楼彼此独立，中间隔着中庭，既有生活在一起的感觉，又保有一定的距离感

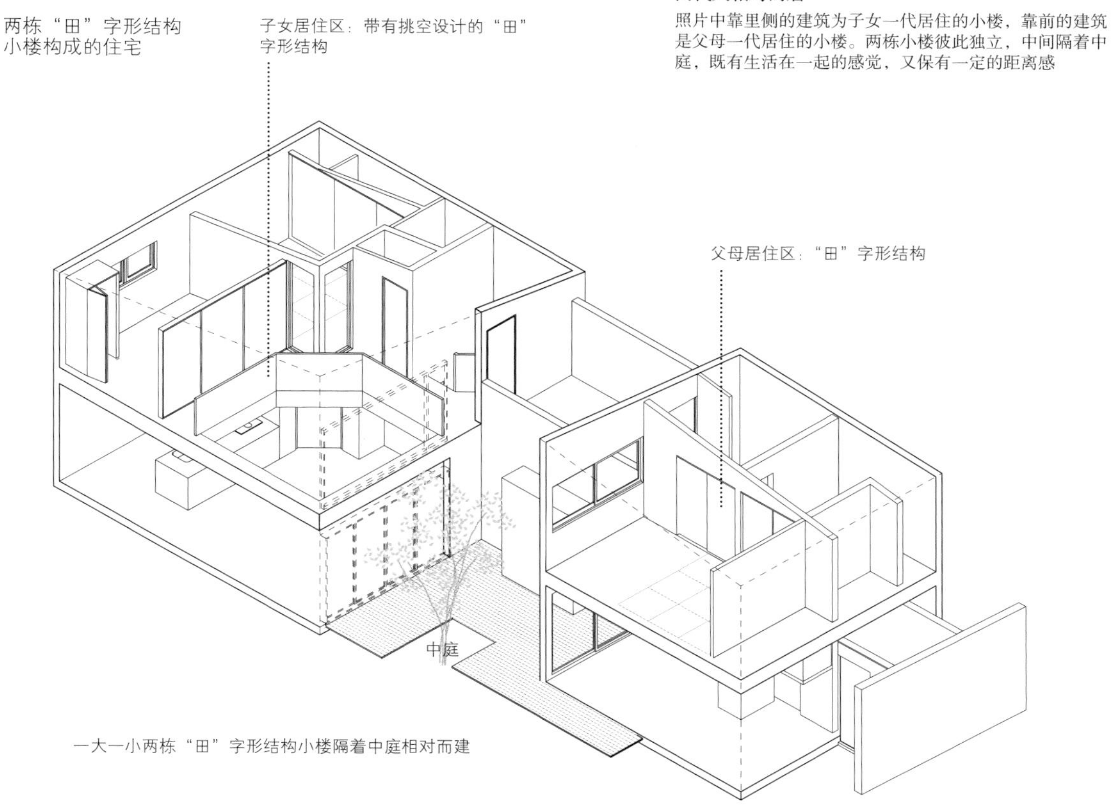

一大一小两栋“田”字形结构小楼隔着中庭相对而建

南阿佐谷的住宅

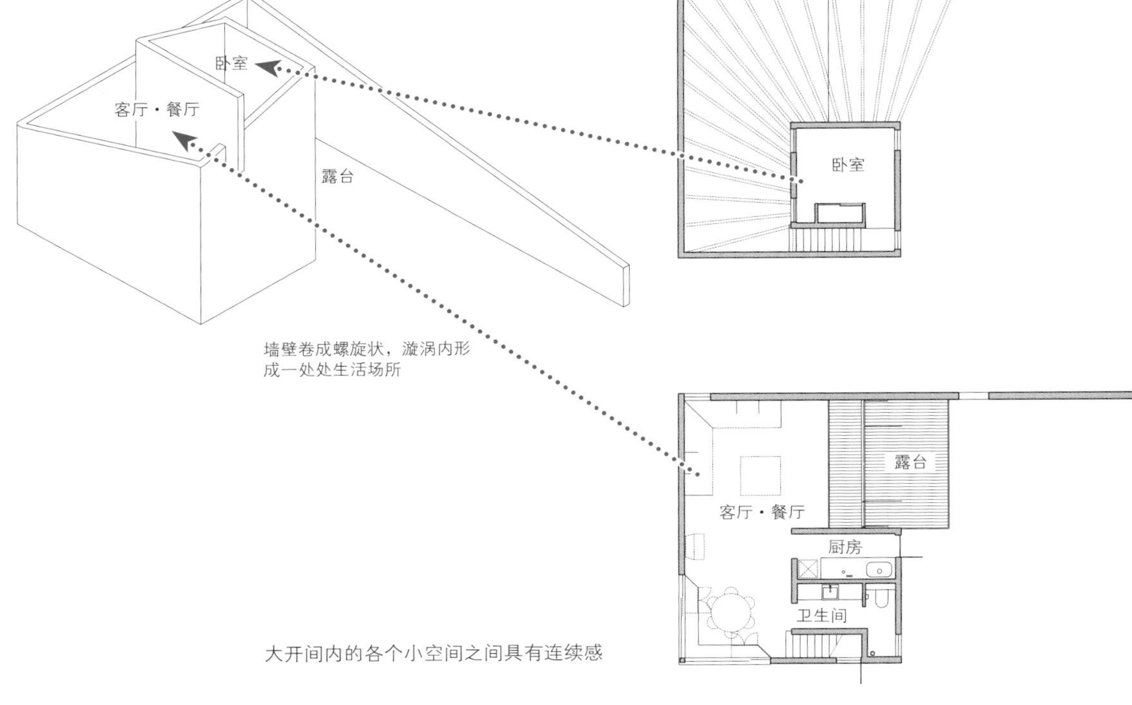

享受脱离日常生活的乐趣

螺旋状的外观是这栋别墅的特征。最顶层为阁楼，在这里可以看到远处的河流

墙壁具有一定的倾斜度，卷曲成螺旋形，在中间围出一个塔形的大开间，形成一户小型别墅。外墙表面贴有涂成黑色的杉木板，内墙表面则涂成黄色，在室内可以看到外墙，在室外也可以看到内墙，体现出空间连续感。屋顶也是木质的螺旋状结构，室内空间为塔形，分成两层。塔的上半部分有阁楼，在阁楼上可以看到远方的风景。在这处别墅中生活，可以体会到脱离日常生活的乐趣。

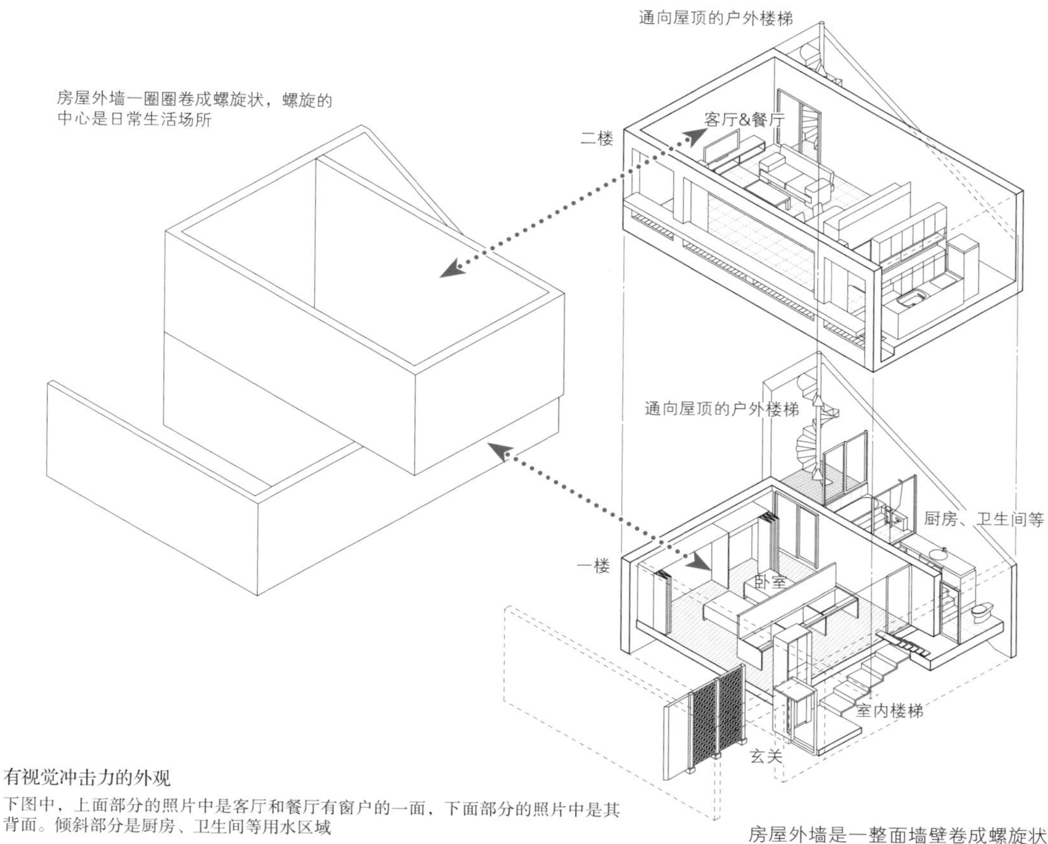

房屋外墙是一整面墙壁卷成螺旋状

有视觉冲击力的外观

下图中，上面部分的照片中是客厅和餐厅有窗户的一面，下面部分的照片中是其背面。倾斜部分是厨房、卫生间等用水区域

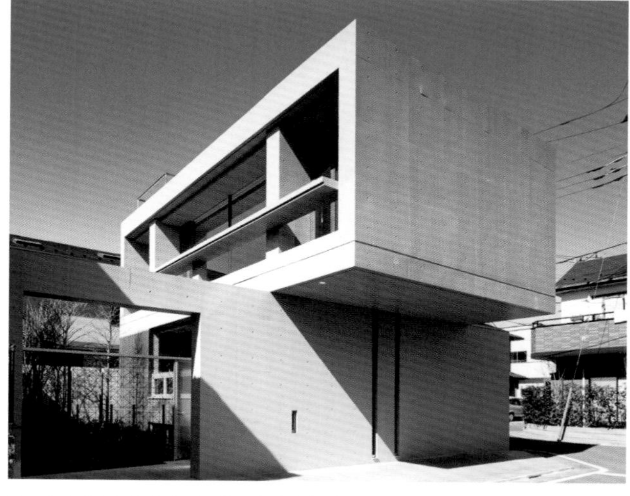

这栋混凝土材质的住宅虽然带有一定程度的封闭性，但设计师在南侧墙壁上设计了一个大玻璃窗，使其不至于完全与外界隔离。设计师像折纸一样将一整面墙壁立体地卷曲折叠为螺旋状，构造出建筑物的基本骨架。各个房间就包含在骨架之中，斜坡部分是阶梯状的用水空间（厨房、卫生间等）。内墙和外墙是一个连续的整体，立体的造型可以使建筑物成为该地的地标。木质结构和钢筋骨架无法搭出这种形状的房屋，只有使用混凝土才可以实现。

带有大玻璃窗的箱型大开间户型

大玻璃窗里面是客厅的挑空部分

设计师将这所住宅设计成箱型涵洞式建筑，建筑物正面有一个大玻璃窗，室外还有庭院

这栋住宅采用箱型涵洞式的设计手法搭建而成，为的是使玻璃窗面积达到最大，方便观赏室外的风景。室内不设梁柱，大开间面积较大，一家人居住其中可以产生整体感。临近马路的一侧有一处绿意盎然的庭院，确保了房屋和马路保持一定的距离，注重保护家庭生活隐私。但是也有住户表示，住在这种极端开放的住宅里需要注意路上的行人，防止他们窥探室内情况。

箱型涵洞式建筑的优点

箱型涵洞式建筑是指用具有足够强度和耐力的混凝土搭建墙壁与天井的建筑。利用这种方法建房，可以在建筑物的主立面等处开大玻璃窗

箱型房屋室内可以采用开放型设计

大玻璃窗

具有足够强度与耐力的混凝土墙壁

西大泉的住宅

漂浮的客厅

使用纤维增强复合材料格栅营造出住宅主立面的透光感

住宅前后有一个较大的开放性户外空间

利用箱型涵洞结构建造住宅，就不需要再建花墙等小墙壁破坏整体风雅感，房间的跨度为9.5米，无梁柱，使室内面积达到最大化，形成开放性空间

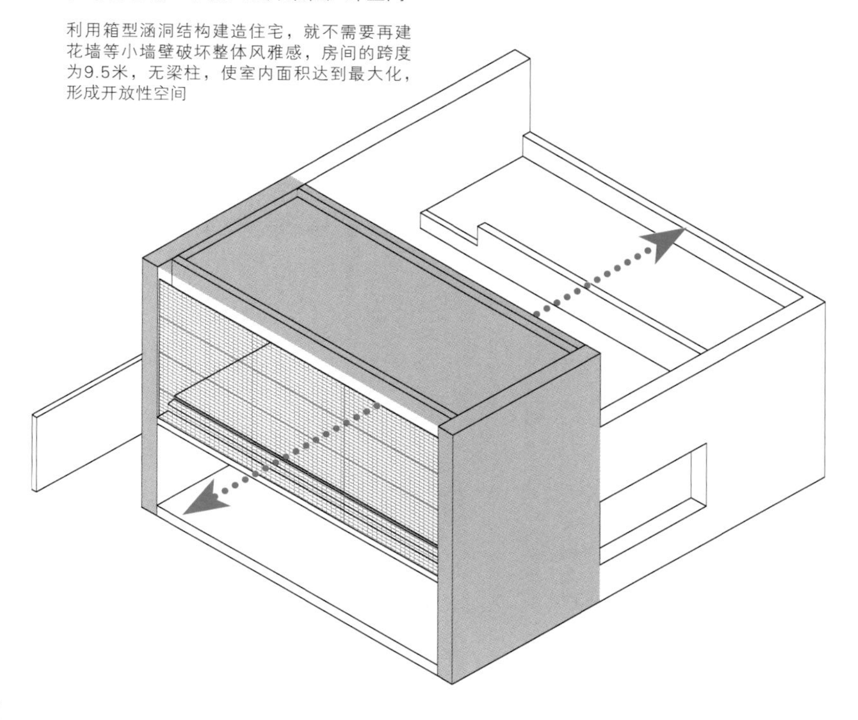

设计师利用箱型涵洞式结构，打通马路和中庭，营造出一处开放的生活空间。房间临街一面安装有格纹清晰的纤维格栅，起到竹帘的效果，在一定程度上可以遮挡路过行人的视线，同时还使得这户住宅的门面——主立面显得与众不同。住宅的另一面紧邻中庭，中庭呈阶梯状，种有桂树。中庭确保了室内的采光和通风条件，同时，人在中庭还可以感知到其他房间内的情况。

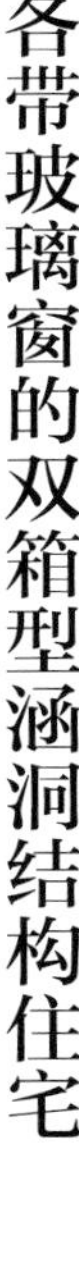

各带玻璃窗的双箱型涵洞结构住宅

与自然环境融为一体的质朴外观

地板、墙壁、天井都使用厚度相同的钢筋混凝土搭建而成，可以安装大玻璃窗

两栋小楼中间是铺着木地板的露台

照片中靠前的部分为客厅。露台的对面是厨房和餐厅。建筑物中间部分为玻璃门窗，视野良好

双箱型涵洞结构住宅

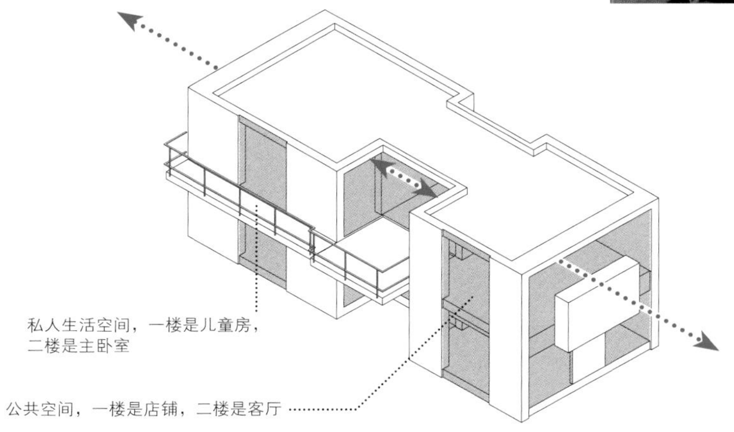

住宅采用箱型涵洞结构，私人生活空间与公共空间均可以在东西方向的墙壁上设计大玻璃窗

这所住宅选址在风景区，设计这类住宅最重要的一点就是如何和谐处理建筑物与周围优美环境之间的关系。设计师依据周边树木的生长情况，确定窗户的形状，并且依据住户希望过质朴生活这一要求，采用箱型涵洞式建筑，对墙体的混凝土表面不做任何修饰。整个住宅分成两栋小楼，中间采用露台或阳台进行连接。

02 住宅之颜

建造与周围环境和谐共存的住宅

住宅与其周围环境的关系非常重要。如果以人类社会作比，住宅与环境的关系就好像是个人与社会的关系，要想拥有健康的生活，就必须使二者保持良好关系。

在城市中，住宅附近有邻家的房屋，街道上也有来来往往的行人。如果住户要求住宅具有极高的隐私性，那么如何处理房屋与周围环境的距离就与房屋是否宜居密切相关。如果对周围环境只是呈现出一种“封闭”的状态，这样的住宅不能称作是舒适的居所，住宅在具有“封闭性”的同时，还需要具备“开放性”，如何使这两个乍一看上去互相矛盾的要求同时实现，这一点至关重要。

此外，优质的建筑物还可以提高周围环境的价值。建筑物完工后，可以改善周边的氛围。住宅在改善周围环境的同时，还可以使住户拥有健康的生活。

对外封闭，对内开放

行人从住宅外面也能有意无意地分辨出哪扇是浴室的窗户、哪扇是卧室的窗户。因此设计师在设计住宅时，要尽量使外部人员感受不到住宅内的生活气息，这既是出于对保护住户隐私的考虑，也提高了整个住宅的格调。另一方面，住户又希望住宅的内部是开放的，希望在家中可以感受到阳光与清风。封闭与开放这两项要求乍一看上去互相矛盾，实则可以通过各种手段实现两者的共存。在都市中生活的人应该会喜欢这样的住宅。

轻盈飘落的白箱

此户住宅的外观是两个叠在一起的长方体。建筑主题是使厚重的混凝土块儿显得轻盈灵动

住宅内部安装有大玻璃门窗

外界的人很难想象此户住宅的内部是如此开放的空间。照片中靠前和靠后的两处中庭将客厅夹在中间。二楼是儿童房。住宅周围是一圈高墙，外界无法窥探到内部的情况

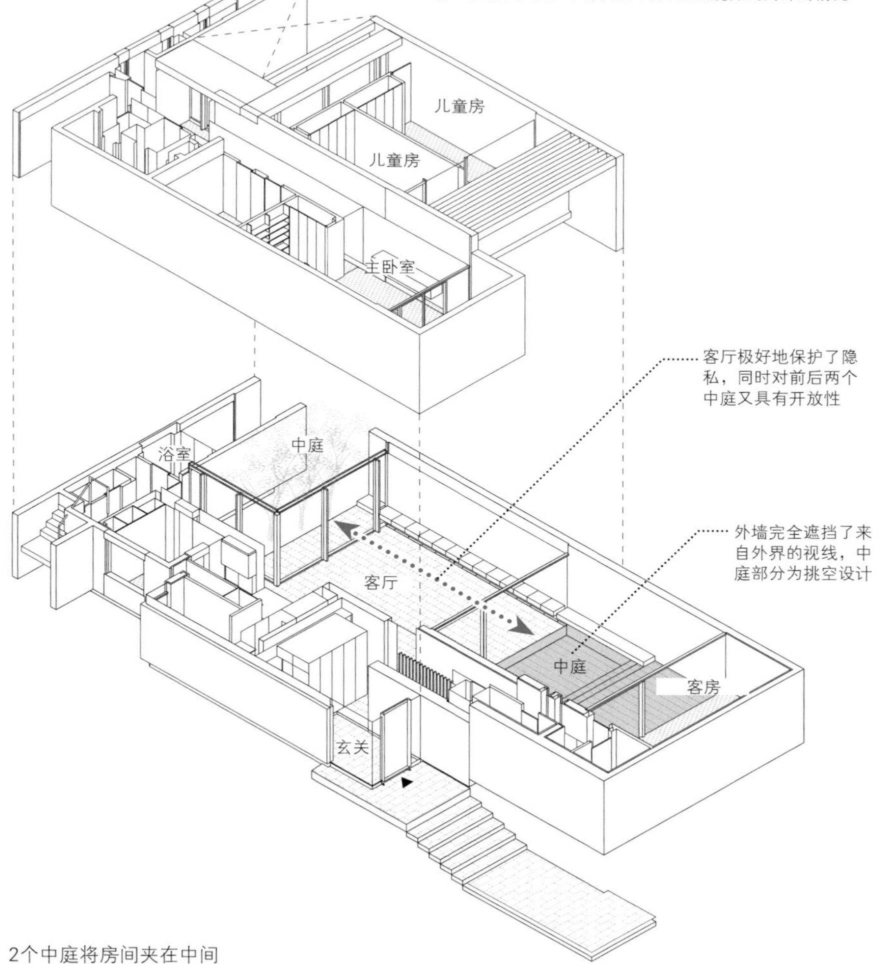

2个中庭将房间夹在中间

玻璃砖墙包围下的住宅

整体透光的墙壁

客厅&餐厅的侧墙一整面都是玻璃砖墙，这样一来，即使是距离中庭有一段距离的里屋也可以照射到阳光

两层楼高的玻璃砖墙

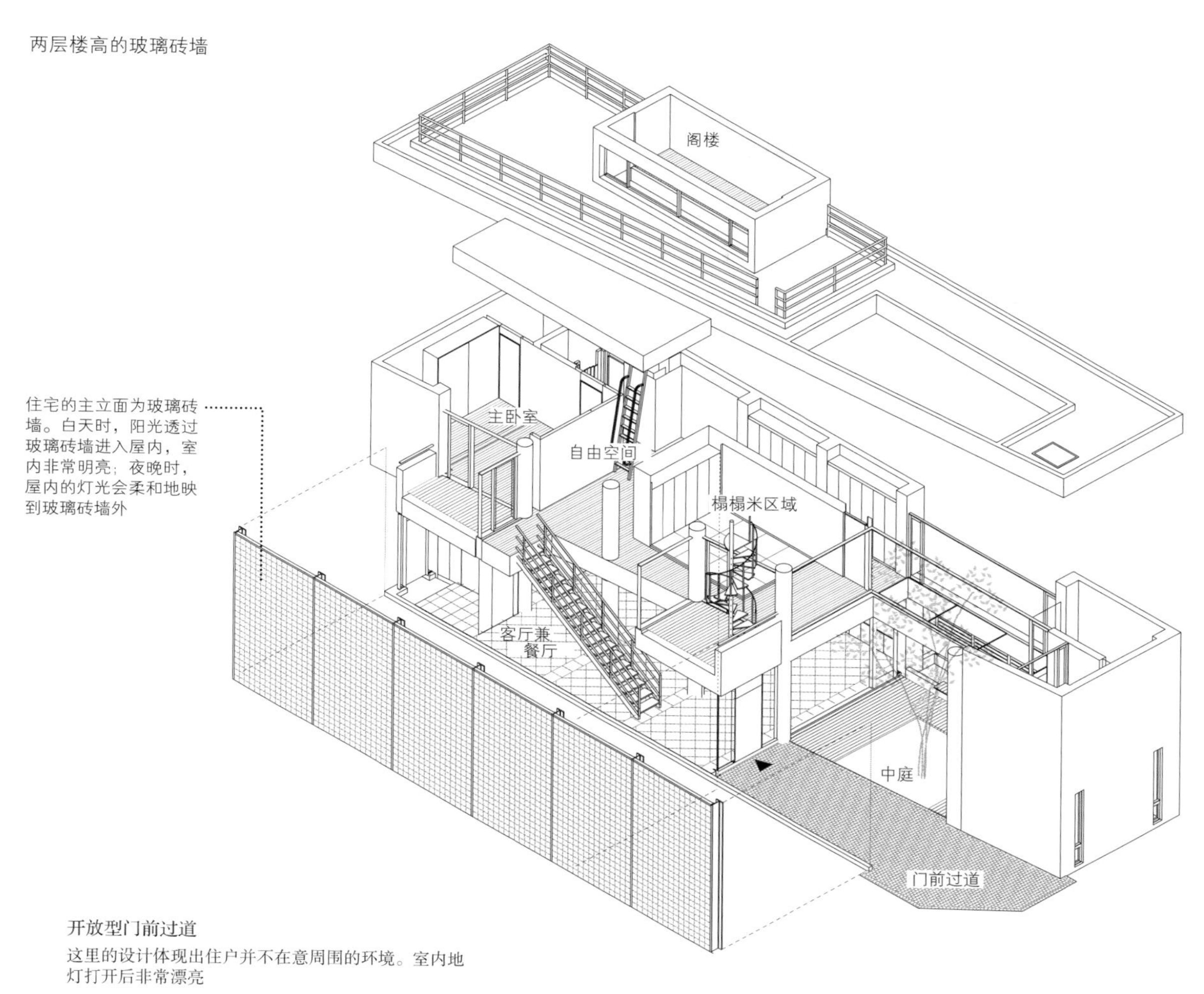

开放型门前过道

这里的设计体现出住户并不在意周围的环境。室内地灯打开后非常漂亮

对于临街面积较大的住宅来说，如何设计临街面的外观十分重要。此户住宅在临街一面设计了一个两层楼高的玻璃砖墙。这面玻璃砖墙不但可以透光，还可以阻隔声音和视线，同时起到了屏障的作用，将住宅和马路隔开。玻璃砖墙将中庭与室内完全包裹起来，营造出一处采光极佳，同时隐私性极强的住宅。

外飘窗是设计的重点

漂亮的外观

透过漂亮的大玻璃窗可以看到室内的楼梯和房间结构，玻璃窗两侧设计有小巧可爱的外飘窗，住户可以在外飘窗的窗台上摆放一些小装饰品或绿色植物，把它变成一处陈列橱窗

住宅的北侧隔着一条马路就是一处绿意盎然的公园，因此这一侧主立面的设计十分重要。设计师在住宅北侧墙体上设计了大玻璃窗，住户在室内就可以欣赏到外界的景色。大玻璃窗两侧还有像小陈列橱窗一样的外飘窗，除确保室内采光之外，他们也是一处对外展示的空间，外人可以通过小小的外飘窗感受到这个家的多姿多彩。夜晚时，整栋住宅就变成了一盏大路灯，照亮周围环境。

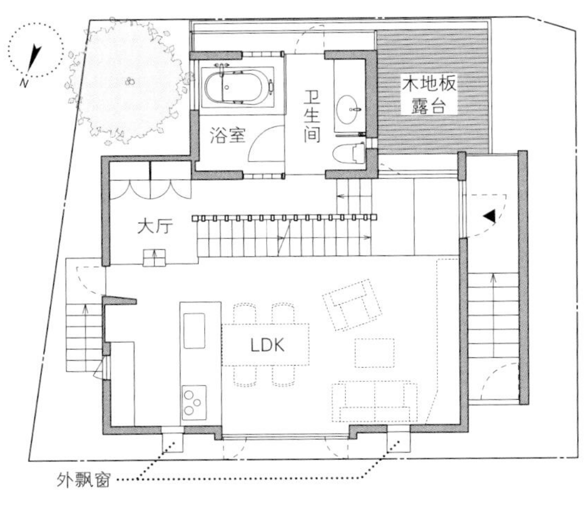

LDK墙壁上的两个外飘窗

在住宅临街一侧墙壁上有两个外飘窗，这是整栋住宅设计的重点。外飘窗就像是一个展示橱窗，无论是从室内还是从室外，看起来都非常有趣

住宅外观体现家庭生活氛围

从室外可以隐约看到玄关门厅的楼梯

照片右手边的一楼有一扇玻璃窗，装有穿孔玻璃。二楼的小玻璃窗中透出温暖的厨房灯光

厨房前面的墙体上有一排玻璃砖墙，可以保证白天室内的采光

厨房与卫生间的采光极佳

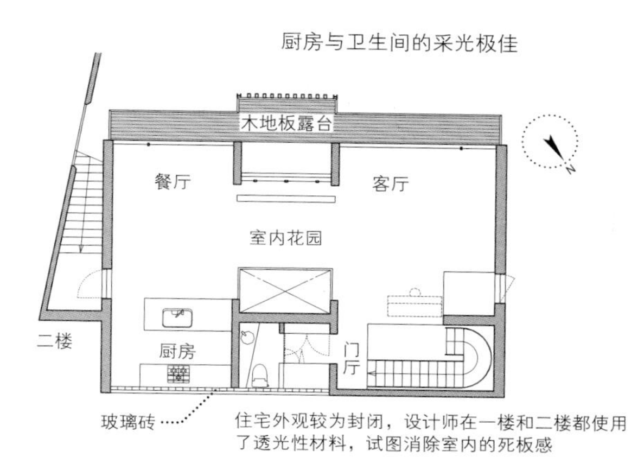

住宅外观较为封闭，设计师在一楼和二楼都使用了透光性材料，试图消除室内的死板感

建筑物临街一侧的墙体就像是它的“脸”，如何设计这张“脸”，对设计师而言十分重要。既不能让外界过多地看到房内的生活场景，也不能过于封闭，最好能够做到使室内的生活场景在外界看来是“若隐若现”的。设计师采用玻璃砖、穿孔玻璃、百叶窗等元素，有节制地向外传达出室内的生活氛围，同时使主立面的外观给人留下深刻印象。

阳光透过主立面柔和地照进室内

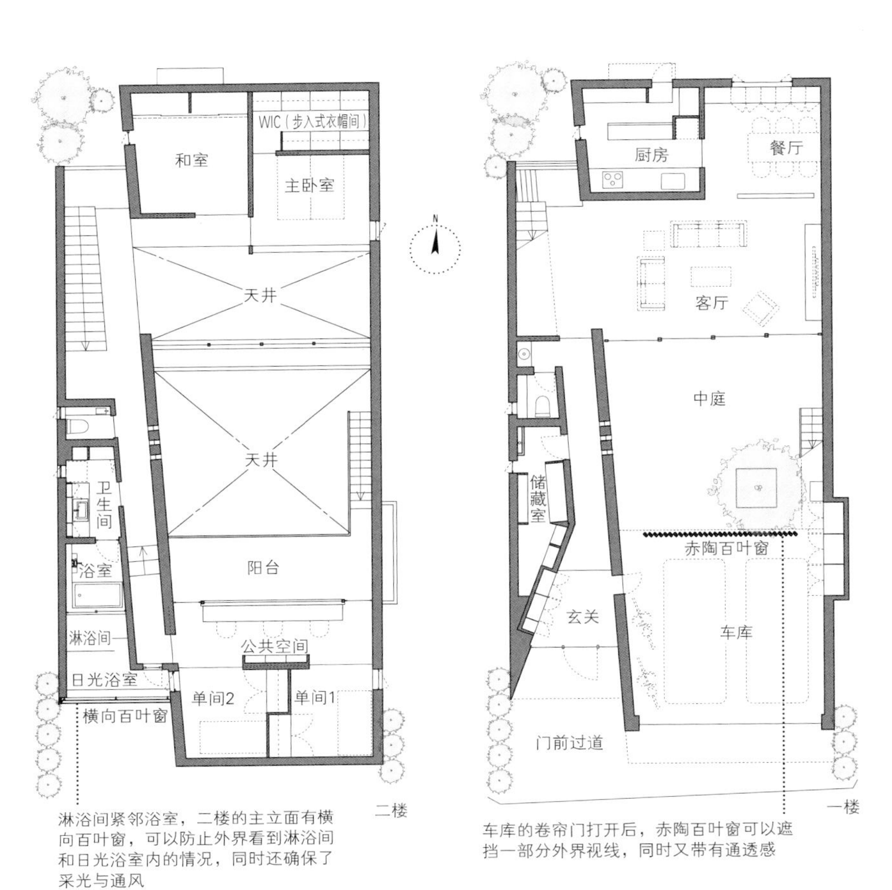

淋浴间紧邻浴室，二楼的主立面有横向百叶窗，可以防止外界看到淋浴间和日光浴室内的情况，同时还确保了采光与通风

车库的卷帘门打开后，赤陶百叶窗可以遮挡一部分外界视线，同时又带有通透感

用百叶窗隔开中庭和外界空间

带格子的门窗有许多种样式，如果可以物尽所值、灵活使用，就可以设计出私密性佳、外观漂亮的住宅。上图中，左侧的二楼有一扇百叶窗，窗内是晒衣服的空间，为了不让外面的人发现这一点，设计师设计了一个横向的钢制百叶窗，遮挡了路上行人向上看的视线。右侧的一楼部分，百叶窗设计在车库的后面。当车库卷帘门打开时，为了防止行人看到后面的客厅，设计师使用陶质纵向百叶窗进行适当地遮挡。通过对百叶窗、墙壁、玻璃门窗等进行有效地组合，就可以使建筑物拥有光影交错的外观。

优美的百叶窗线条

住宅的主立面由一个大平面和可以透光的百叶窗组成，非常漂亮。一楼车库后面的百叶窗为赤陶材质，兼具装饰性

兼具透光与遮挡作用的蜂窝玻璃

该建筑物外面是车站前的商业街，路上来往行人众多，如何遮挡行人的视线是住宅设计的重点。正面墙体上有两排双层玻璃，双层玻璃中间夹着铝制的蜂窝百叶帘。银色的铝制蜂窝和双层玻璃组成一个整体，既可以节约能源，还能够防止结露。同时，阳光接触蜂窝玻璃后，一部分进入屋内，一部分发生漫反射，可以遮挡路上行人向上看的视线。

玻璃的魔法

蜂窝玻璃闪闪发光。虽然路上的行人看不到室内的情况，但从室内可以看到外面的景色

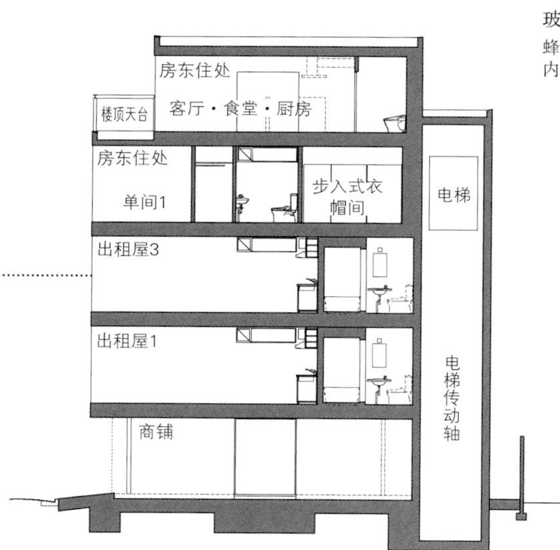

带有商铺的公共住宅

建筑物临街一面的墙体上有大玻璃窗，玻璃窗使用的是特殊的双层玻璃，中间夹有铝制蜂窝，可以遮挡外界的视线，但并不影响采光

兼具力与美的斜百叶窗

兼具美观与实用性

百叶窗的窗叶为斜线，可以阻挡路上行人的视线

钢架搭成的百叶窗

一般的百叶窗都会在钢架的外面再包裹一层木材或人工木材，这里直接使用钢架做百叶窗

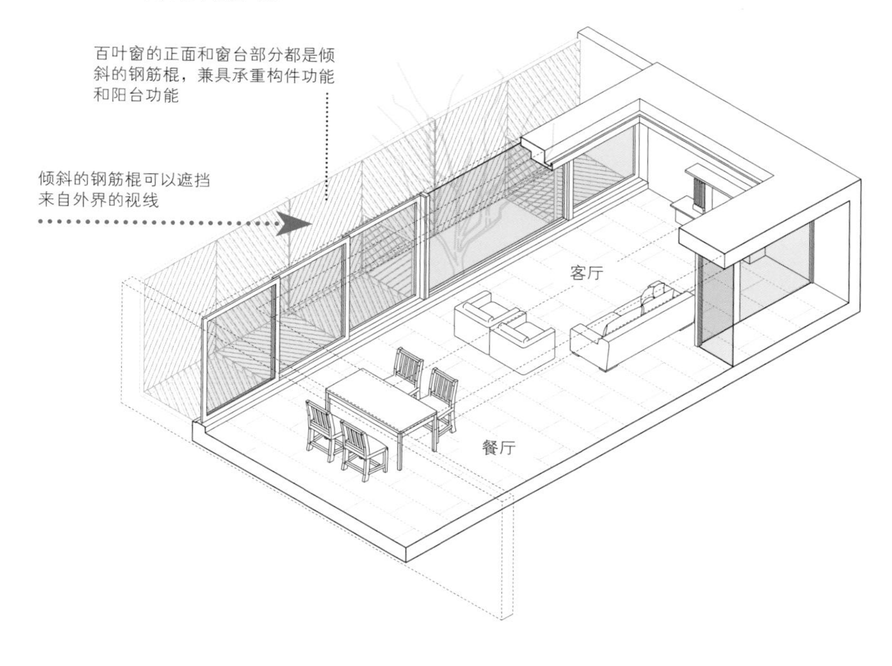

这栋住宅位于市中心地区，和对面的住宅之间就隔着一条马路，必须留意来自对面的视线。二楼客厅和餐厅对面建有阳台，阳台前面安装有钢铁材质的百叶窗。将来，百叶窗会与周围的植物融为一体，形成一道屏障，阻隔周围的视线。此外，百叶窗整体是由不同方向的倾斜线条组合成的，本身就是一个承重构件，具有一定的承重能力，用很少的材料就可以简单完成。

陶制百叶窗和订制瓷砖体现高质感

使用相同材料营造协调氛围

房屋两侧墙壁的瓷砖与陶制百叶窗，都是用相同的陶土烧制而成的。其他的墙壁、混凝土结构外层的装饰都使用了相同色系的颜色，房间整体体现出一种高档的氛围

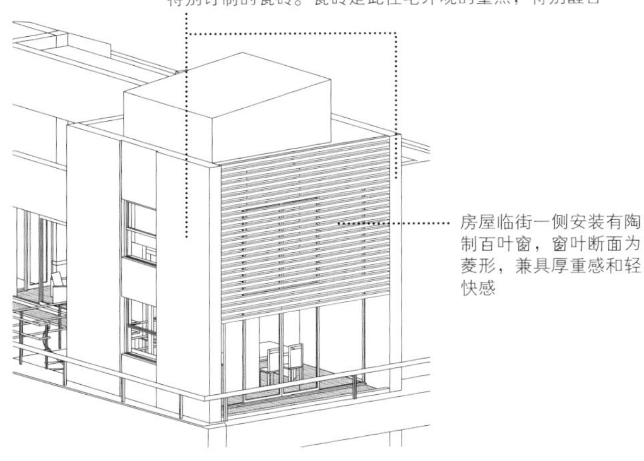

没有光泽的建筑材料可以使建筑物更有格调，给人以沉稳感。此户住宅的百叶窗没有使用金属材料，而是选用了土黄色的陶瓷材料，并且设计师还特别订制了同色系的瓷砖贴在外墙上。混凝土部分的表面也用工具敲打出纹理图案进行装饰，再涂上一层米黄色的透明涂料。大地色（土黄色）的外观既可以调和住宅与周边环境，也可以有效延缓房屋外观上的老化程度。

利用FRP❶格栅营造恰到好处的透光感

住宅临街一侧是一面大玻璃窗，如果不加任何修饰，室内的生活场景就全部暴露在外界目光之下。室内安装有垂直式百叶窗，玻璃窗外侧安装有FRP材质的格栅，起到竹帘的作用。安装FRP格栅后，从正面可以看到室内的情形，稍稍偏离一些角度就看不到了。此外，FRP自身非常结实，几乎不需要保养维修，是一款非常优质的材料。住宅的整个主立面都安装了格栅，令人印象深刻，光影交错也使其更具立体感。

漂亮的格栅

主立面的格栅看上去像一面竹帘，显得特别轻巧，令人印象深刻。客厅的对面是中庭

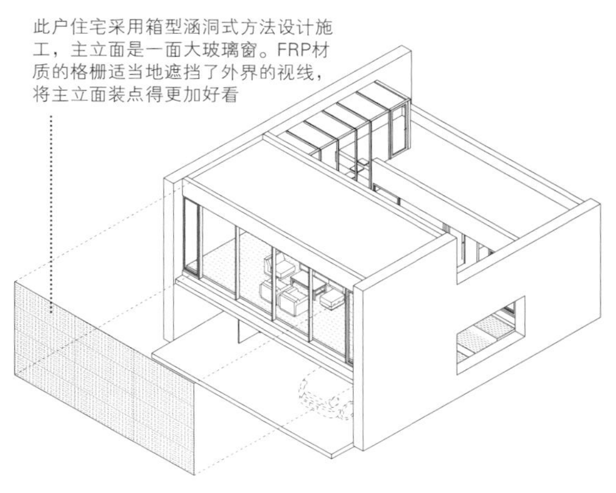

格栅使玻璃窗显得更加灵动

此户住宅采用箱型涵洞式方法设计施工，主立面是一面大玻璃窗。FRP材质的格栅适当地遮挡了外界的视线，将主立面装点得更加好看

❶ 纤维增强复合材料。——译者注

玻璃玄关

站在玄关可以看到绿色的小院

玄关是用玻璃围成的。玄关的大门上是镂空格子花纹，兼具透光性与防盗性

玄关三面为玻璃墙，站在门前过道处可以隐约看到绿色的小院

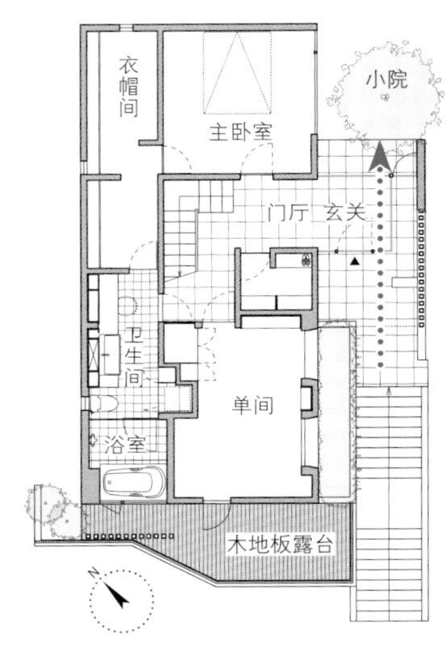

视线穿过门前过道直达小院

马路与住宅用地之间存在高低差，需登上几级台阶，才能到达玄关。为了营造出一种引人入内的氛围，设计师设计了一处透明玄关，访客站在玄关处就可以看到前面的小院和院内的绿色植物。玄关的玻璃墙使用的是防盗玻璃，大门是木质格子门，既考虑到了防盗性能，又确保了可以适度地看到屋内的情形。

沿着宽宽的屋檐走入室内

屋檐呈现出连续感

玄关门上方的隔窗是镶死的玻璃窗，以免破坏屋檐的连续感

要走入此户住宅内部，会依次经过户外、半户外、半室内、室内四个阶段，层次感鲜明，令人心情愉悦。日本传统建筑几乎都是这种形式，日本人都有过这样的经历。此户住宅的玄关前有一排宽房檐，天井被木质结构包围，人仿佛是在房檐的引导下走入屋内。走到屋檐尽头时会先看到庭院，然后才进入室内，人可以感受到空间由户外缓缓变为室内的这一过程。

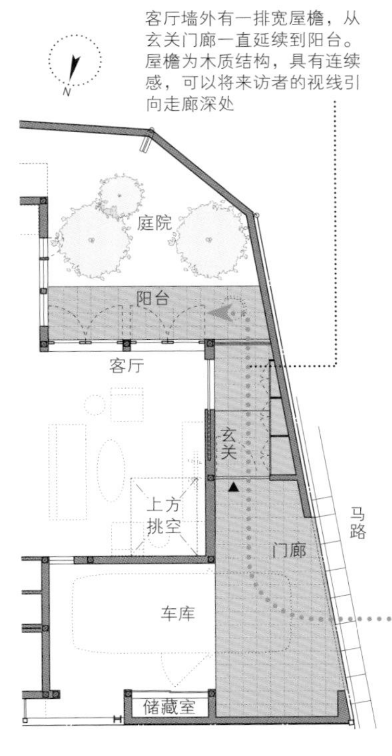

延续到客厅阳台的屋檐

将外伸式阳台设计为楼下屋檐

这栋住宅是庭院、玄关、门前过道融合在一起的典型案例。房屋的大门设计在临街一侧，安装有自动锁。顺着台阶来到玄关前，头上方是外伸式阳台，同时阳台底部也是玄关处的屋檐。阳台紧挨着庭院一侧的栏杆为钢架结构，开放性强，如果在这一侧摆放一些植物，与庭院的融合程度会更高。门前过道绿意盎然，充满立体感。

建在坡道上的住宅，便于远眺风景

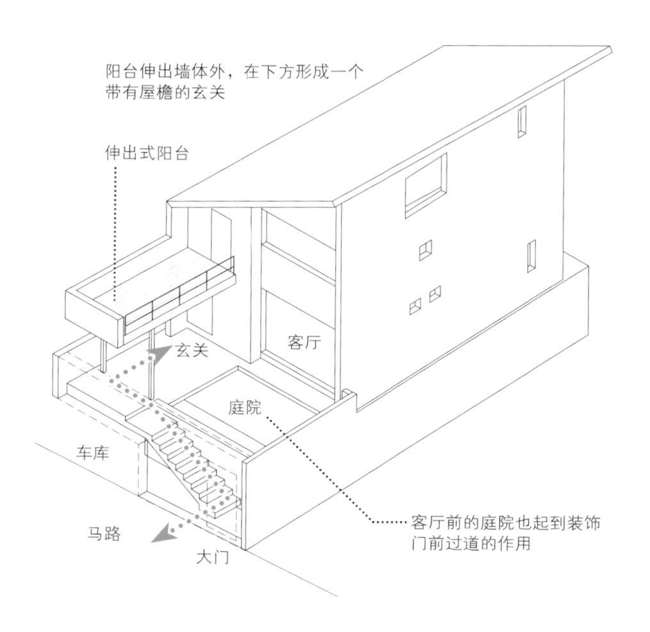

赏心悦目的门前过道

门前过道连结马路和玄关，比马路要高出一层。单纯地爬楼梯非常无聊，于是设计师设计了绿意盎然的庭院和阳台变身的屋檐来增添乐趣

创造令人印象深刻的室内场景

玄关是客人来访时最先到达的场所，决定了访客对这个家的第一印象。这所住宅的门前过道与玄关之间存在高度差，通过登台阶的过程提升访客对进入室内的期待感。玄关的正面是一扇观景窗，来访者透过观景窗可以看到绿意盎然的庭院。另外，玄关处很容易出现鞋子乱放的问题，因此设计师将住户一家的移动路线与访客分离开，住户可以通过鞋帽间直接进入屋内。

利用门前过道提升期待感

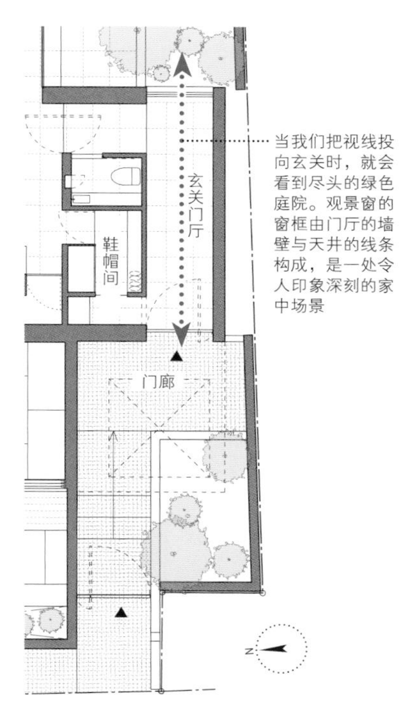

目黑的住宅

引人注目的观景窗

这扇观景窗仿佛能把人整个吸进去，令人印象深刻，是最好的待客装潢

沿中庭修建的门前过道

这栋住宅以中庭为中心修建，同时中庭还兼具车库的功能，可以停放两辆车。一楼是卧室和储藏室，二楼是客厅、餐厅·厨房、浴室等。二楼是主要的生活区，四面墙壁为混凝土材质，各房间朝向中庭而建，像是一处“浮在空中的天井住宅”。中庭内种有这户住宅的标志性树木，门前过道从中庭旁经过直通玄关，人走在门前过道时不会与二楼的生活区之间产生视线交流。

极富现代感的住宅入口

中庭为挑空设计，兼具门前过道的功能，楼上是客厅&餐厅外的露台。露台的围栏为半透明材质，人坐在二楼时无需担心来自中庭的视线。

视线越过玄关直达庭院

打开玄关门后，正对面绿意葱葱的庭院映入眼帘

二楼是面向中庭开放的生活区

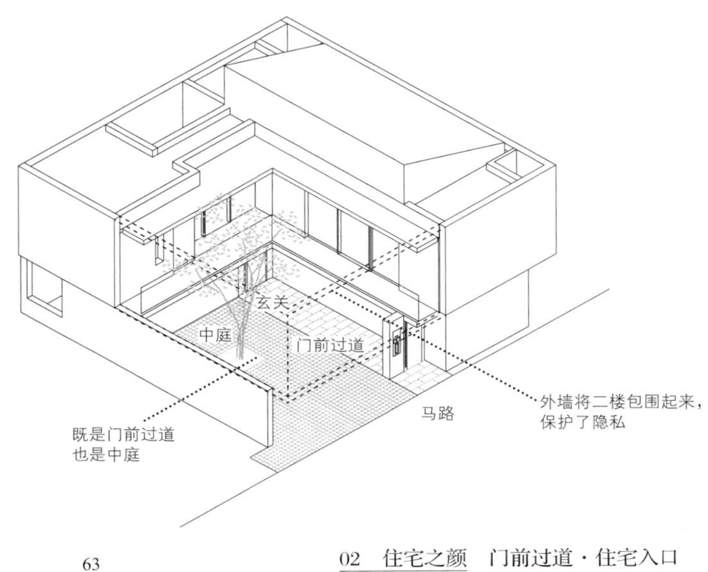

富有律动感的格栅构成门前过道

窄一点的格栅纤细柔美，仿若少女，宽一点的格栅遒劲有力，充满阳刚之气。这一户做的是砖瓦生意，房顶上的瓦片就是自家的商品，种类是略带西洋风格的板瓦。为了表现出撑起瓦片屋顶的遒劲感，营造出住宅整体充满生气的氛围，设计师设计了一扇宽格栅门，作为通向玄关的门前过道。透过格栅门，隐约可以感受到中庭中溢出的生活感。穿过格栅门，就来到了门廊区，门廊地面上铺的也是板瓦。

高度较低的和风建筑主立面

透过格栅门，可以看到室内静谧的灯光。瓦片屋顶和格栅门构成的主立面，重心较低，酝酿出一种沉稳的气势

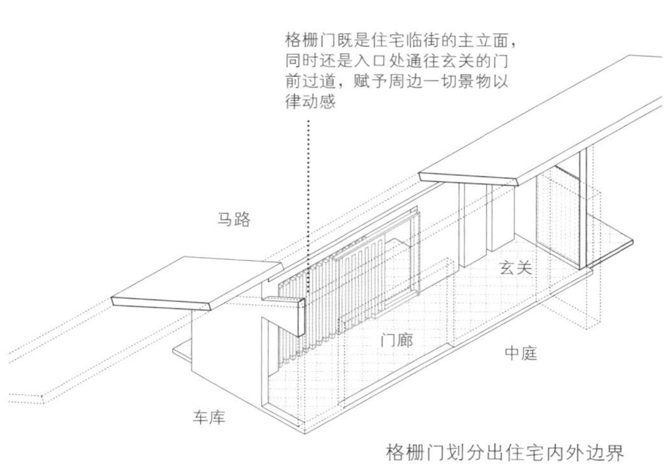

格栅门划分出住宅内外边界

守护家庭生活的通庭❶

通庭既像是在室外又好像是在室内

通庭连结后门（厨房出入口）与玄关，阳光可以照进来，属于半室外空间

❶ 通庭：连结住宅正门和后门的走廊。——译者注

传统样式的外观

为了保护传统的街景，此户住宅在外观的形态、装饰、檐高等方面都遵循传统规制，但室内设计则充满现代生活气息

由于这栋住宅位于奈良县今井町的重要传统建筑物保存区内，因此外观设计必须遵循传统设计规则。但是室内的设计可以自由选择，于是设计师将室内设计为符合现代生活的风格，在建筑物的周围建有通庭，作为外古内今两种对立风格的缓冲空间。通庭属于半户外空间，具有后院的功能，同时还具有连结现代风格的室内与传统样式的主立面的作用。

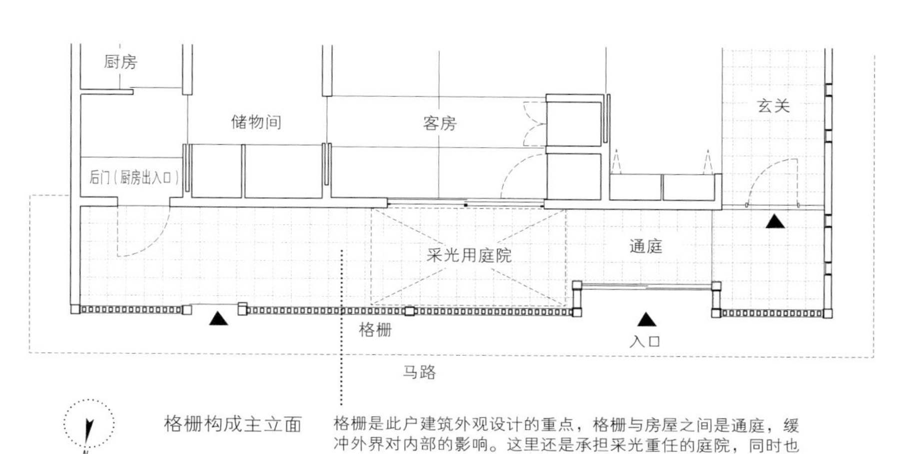

格栅构成主立面

格栅是此户建筑外观设计的重点，格栅与房屋之间是通庭，缓冲外界对内部的影响。这里还是承担采光重任的庭院，同时也是通向厨房出入口的通道

用混凝土圆柱划分住宅边界

协调与对比的平衡

相对于住宅大门的设计，混凝土圆柱属于具有现代感的材料，对比较为强烈。但一排混凝土圆柱形成了一个弧度，门前过道的圆弧线条则使一切又显得非常协调

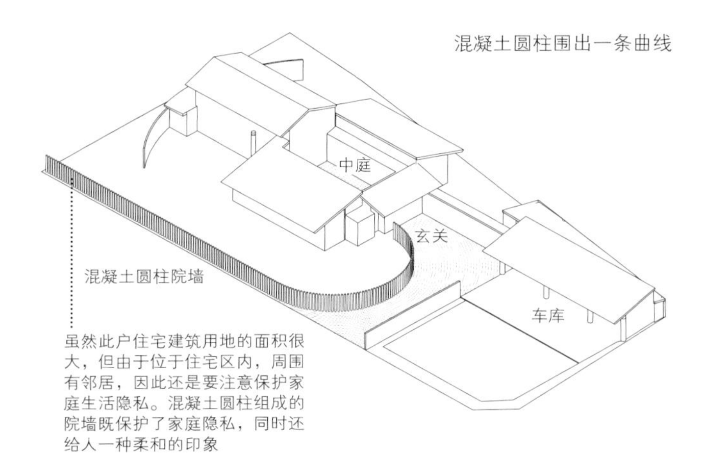

这一家住户要求住宅要有极好的防盗性，要确保通风，还要有可以感受到庭院绿意的院墙。设计师将混凝土圆柱（休姆管）立成一排，柱体光滑难以攀登，于是就构成了结实的围墙。由于是使用一根根的圆柱排列，因此既可以排成直线，也可以排成曲线。墙角种有植物，经过一段时间，这些植物会将圆柱裹起来，和它们融为一体，看上去就会是一面非常漂亮的院墙。

03 绿满家园

建筑与植物相结合

在日常生活中，“绿色”的存在会令我们的心情变得温润，使我们的生活更有品质。“绿色”也分很多种类，例如周围环境中的“绿”、自家院子里的“绿”、屋子里面的“绿”等等。无论是哪一种“绿”，最重要的都是要使住宅和绿色植物之间搭配得更和谐，它们不是毫无关系的个体，而是需要相互配合营造出一个良好的氛围。

植物不同于建筑，它们随着时间的推移会不断生长变化。既然是生物，就需要人的照顾，也许有人会觉得非常麻烦。但是，在住户的爱意中成长的绿色植物，可以成为他生活中的好伙伴，还可以提升住宅的价值。

在客厅与玄关也可以看到绿色植物

在客厅里能够看到室外的植物并不稀奇。如果我们可以换一个角度去看这些植物，会发现它们能展现出不同的风韵。这所住宅玄关的正面是一个大玻璃窗，透过窗子看到的风景优美如画。沿着门廊、门前过道、一直走到玄关，看到的植物都不一样，人非常自然地就走到了室内。无论是落叶树还是常绿树，都要保持树木自然的形状，使树木的整体形态更加柔和。

被树木吸引目光

一走进玄关，首先映入眼帘的就是满眼的绿色。窗框等小细节非常低调朴素，使得窗外的景色更加令人印象深刻

紧邻客厅的植物

从门厅处看到的绿色植物就种在客厅、餐厅的阳台上。住户可以在阳台上眺望庭院景色，且阳台自身也是一个小庭院

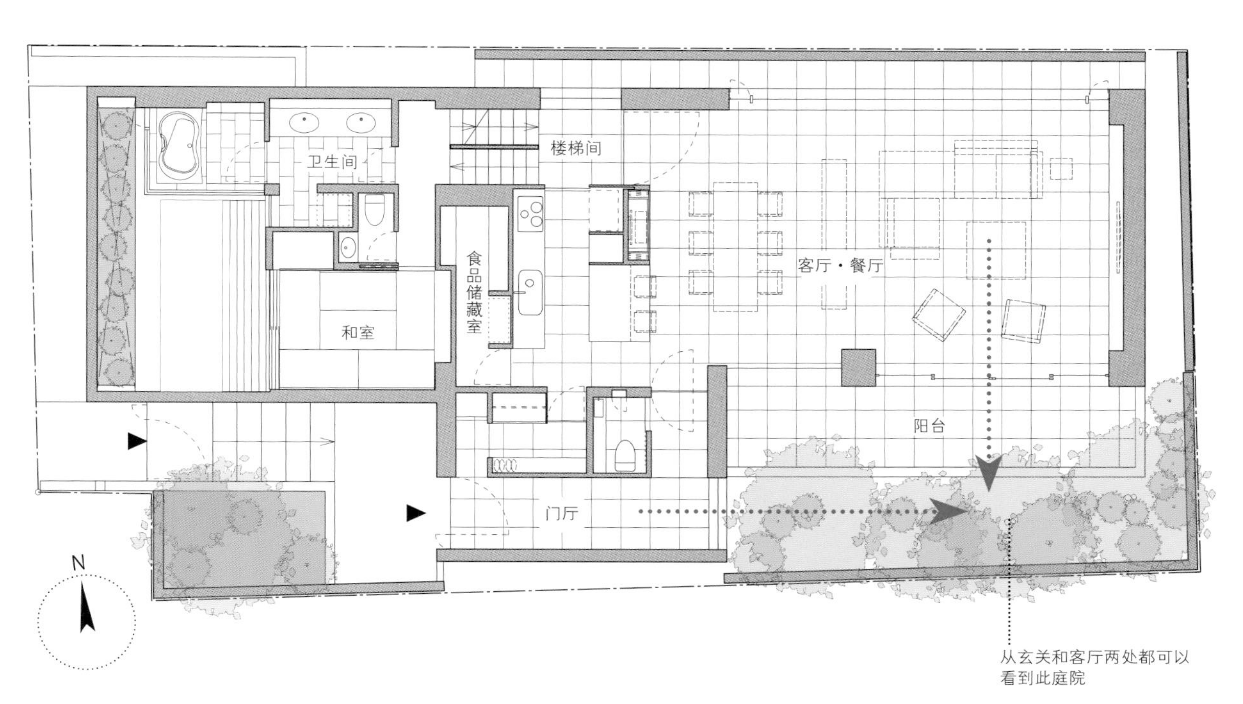

绿色植物连成一片，可以从两个方向观赏

借景植物装点生活

在城市中，如果只在自己家院子里种很多植物，营造出的舒适氛围是有限的。将视线转移到周边地区，会发现周围有优质绿地的住宅是比较少的。如果在室内既可以看到院子里的植物，又可以看到住宅周围的植物，印入眼中的景观就会很有深度，充满立体感。当然，如果周围的绿地将来变成公寓楼，就没办法欣赏到这样的美景了，因此对环境变化作出一定的预测是非常必要的。

将周围丰富的绿色框进玻璃窗

在二楼的客厅、餐厅可以看到东南方向的庭院。庭院对面是幼儿园所有的田地，再往前是神田川的林荫道

大玻璃窗外是一片绿树

一楼是儿童房和卧室，二楼是客厅和餐厅。院内院外一年四季都绿意葱葱

东侧庭院的植物和隔壁的树木重叠在一起

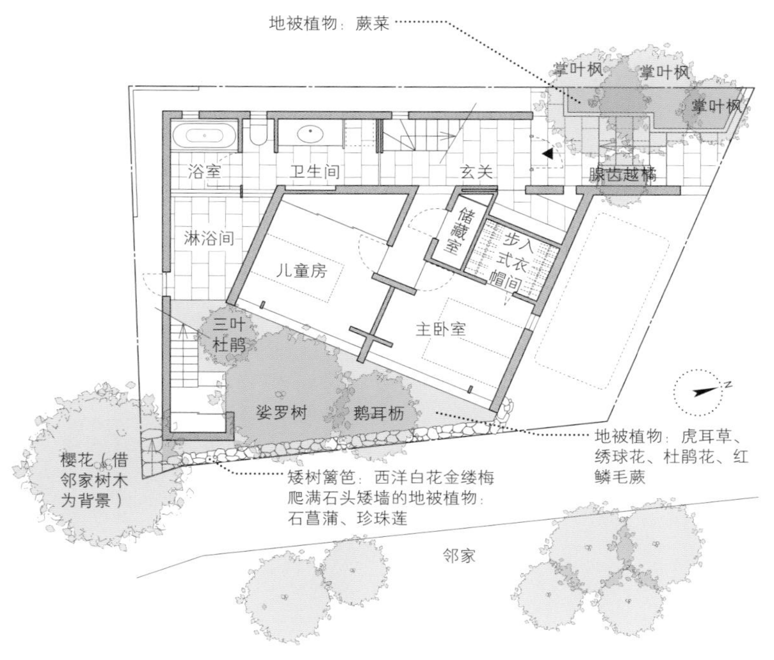

葱郁的树木与池塘令人心绪宁静

设计师在设计时注意保护家庭隐私，客厅和餐厅与和室相对而建，中间是中庭，力求营造一处永远看不腻的庭院。庭院内种有几棵日本紫茎，树形未经过人工修饰，周围种有其他植物，一年四季都会有花开放，宛如山中美景。客厅外侧的走廊与和室外侧的走廊间夹着一处池塘，水面波光粼粼，倒映着屋檐和屋顶。一阵风吹来，水中倒影变了模样，趣味盎然。

外表看上去郁郁葱葱的住宅

住宅南侧临街一角，种有梅树和杜鹃，梅树是建房前就一直存在的

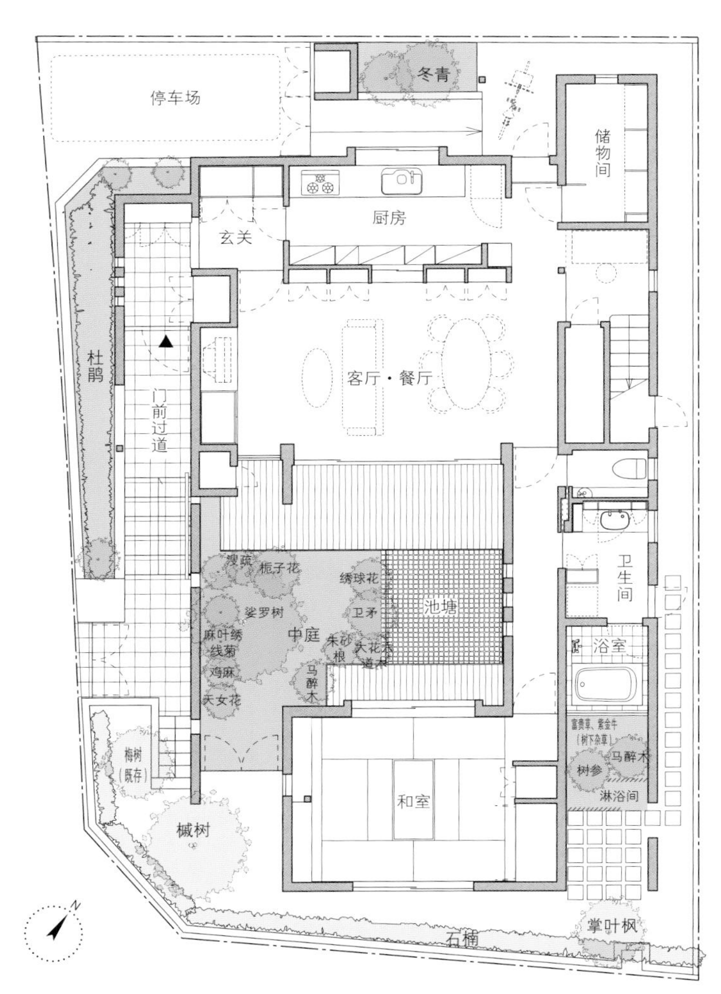

中庭中的树木种类多样

中庭位于房屋南侧，既有高大的日本紫茎，也有各种各样的低矮树种。客厅、餐厅、和室就在中庭对面，可以欣赏到满园的绿意

微风吹过池面带来阵阵凉意
在炎热的夏季，微风经由池面、树丛进入屋内，带来丝丝凉意

在绿树环绕中生活

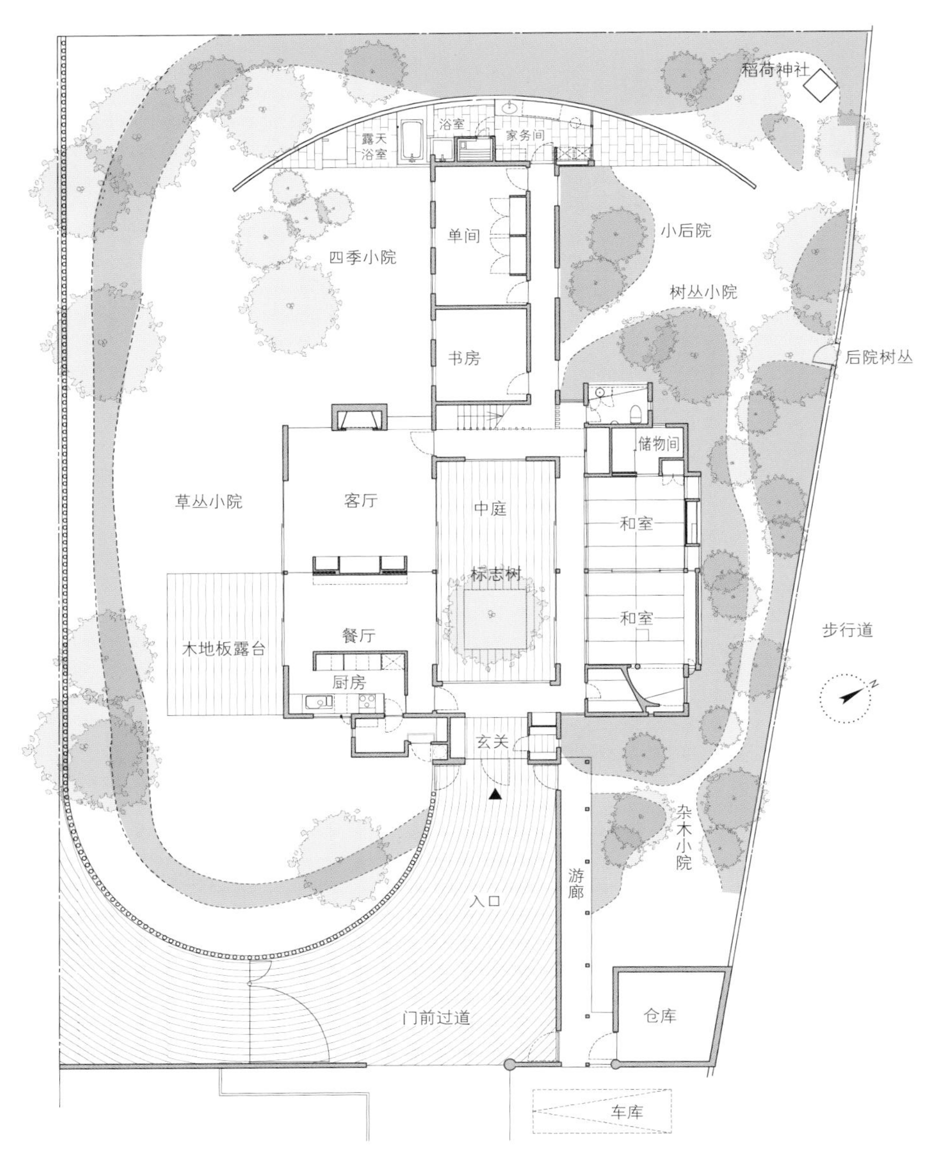

住宅内分布有数个庭院，与各个房间都建立了联系

房子周围分布有数个风格迥异的庭院。每个庭院都连着一间房间，庭院内栽种树木的品种与分布情况和房间内情况相匹配。整栋住宅的中心是中庭，种有一棵标志树（娑罗树），在家里的任何地方都可以看到这棵树。人住在这里，可以通过树木感知四季变化，树木就像是这个家的守护神。

中庭高高的标志树直指天空

中庭位于整个家的中心位置，这里种着一棵娑罗树，日夜守护着这个家。正如“标志树”三个字所示，它就是这个家的象征和标志

绿意盎然的阳台

城市型住宅的每一层都种有植物

住宅每一层的阳台都放有树箱，树箱内的植物将这个家装扮得更加多姿多彩。阳台围墙为磨砂玻璃材质，既保持了开放性，又保护了家庭生活隐私

这栋住宅位于市中心地区，为了最大限度地利用土地面积，设计师将房屋设计为一栋立体的四层小楼。楼上区域采光条件和视野都较佳，于是将其作为主要的生活区。因为每一层距地面都有一定的距离，因此设计师为每一层都设计了一个大阳台。住户可以在阳台摆放上栽种植物用的树箱，种一些自己喜欢的植物。从室内向外看去，首先会看到这些植物，心情都会变得温润起来。另外，这些植物也遮挡了直接照进屋内的阳光，对来自周围的视线也起到一定的缓冲作用。

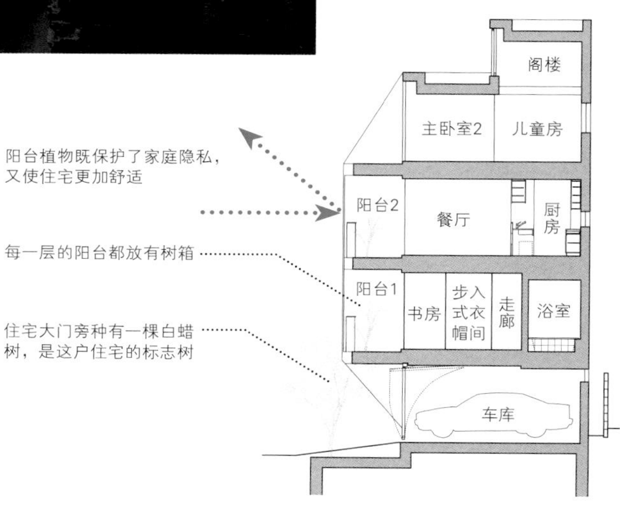

用植物勾勒出建筑物的『脸』

窗台的植物也装点了街道

这样的设计既使得住户心情愉快，也使得街道更加丰富多彩

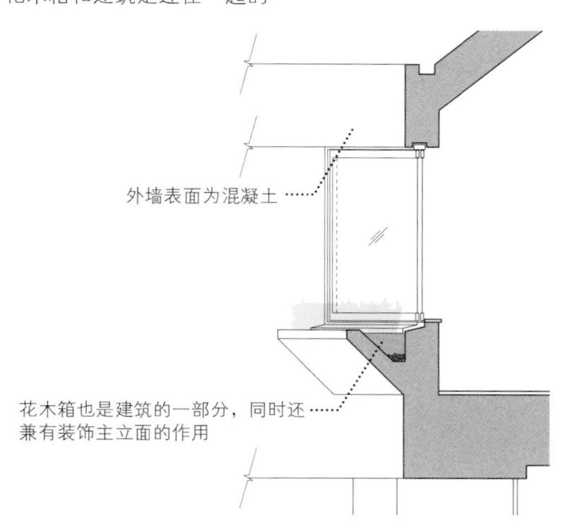

即使住宅面积较小，也可以营造出一处令人心情愉悦的绿植空间。如果庭院非常狭小，我们可以将建筑物和植物结合起来，创造一个立体的绿植空间。以这栋住宅为例，一进家门，首先看到的就是上面缠着野木瓜藤蔓的藤架，仿佛在邀请你走入玄关。庭院内种着一棵娑罗树，它是这个家的标志树。除此之外，还种有许多其他植物，确保小院四季常青。另外，二楼的窗台上还有一个花池，和整栋建筑是一体的，植物可以直接种在里面，屋顶的天台也摆放了许多盆花。

久原的住宅

四季常青的北庭

冬日柔和的阳光洒进客厅。北庭内种有山茶花、四照花、掌叶枫等许多种类的植物，一年四季都有绿色相伴

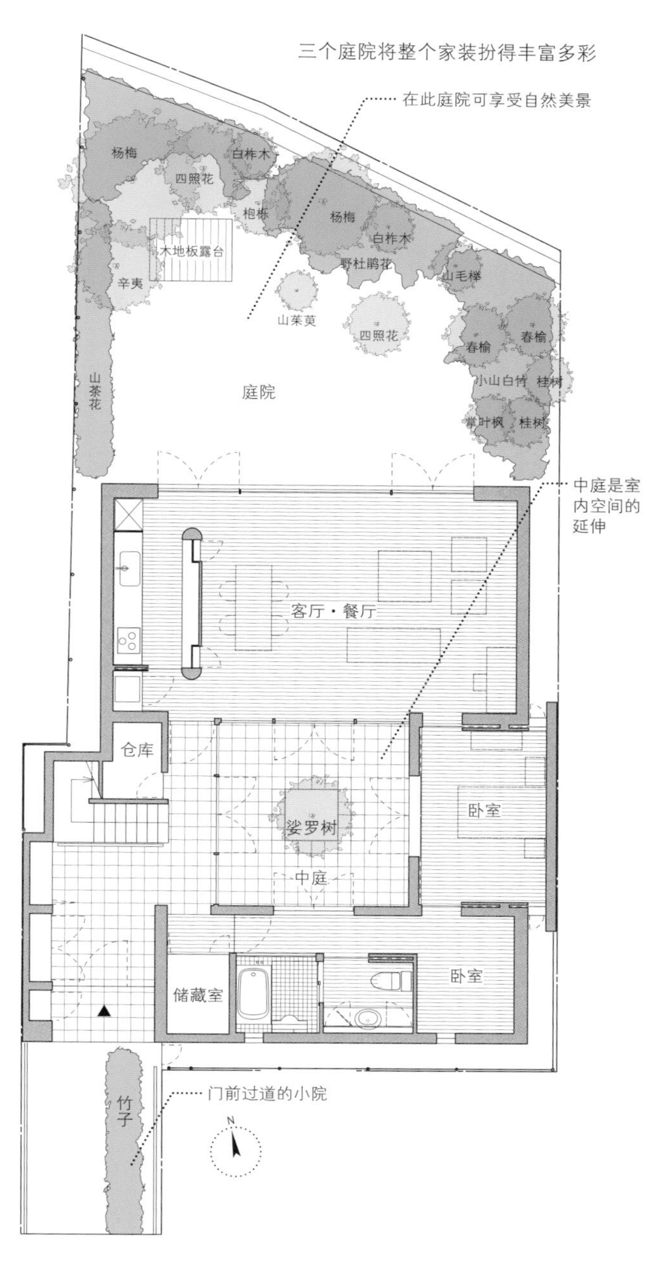

在新建住宅时，应该认真考虑如何灵活运用之前就生长在建筑用地上的树木。如果重新栽种树木，那么一段时间后整个庭院才能展现出生命力。建议在保留原有树木的基础上再新栽种一些树木，否则很难呈现出一个成熟的庭院。以这栋住宅为例，设计师尽可能地保留了原有的树木，又新添了一些山中树木，为园子增加一些色彩，不同的树木共同演奏出一曲和谐的乐章，这处庭院一定可以深深印在住户的脑海中，难以忘却。

马路与住宅间的缓冲地带

恰到好处的距离感

客厅&餐厅紧邻马路的一侧有一扇大玻璃窗，窗外有庭院和阳台，可以作为缓冲地带，确保家人舒适生活

成为地标的樱花树

住宅南侧的一角种着一棵挺拔的八重樱。春季樱花盛开，整条街道都充满生气

即使紧挨着繁忙的主干道，也可以通过绿色植物的力量，使住宅成为一处安宁居所。设计师保留了原有的八重樱，同时为了保证安静的室内环境，又用围墙围出了一处室外空间，作为室内和主干道之间的缓冲地带。这处户外空间，既有原有的樱花树，还种植了许多其他植物，一年四季风貌不同。此外，由于对面是一处十字路口，因此植物与房屋融为一体的这户住宅十分显眼，令人印象深刻。

标志树
储物间
阳台
天井
狗屋
和室
阳台
LDK
儿童房
主卧室
中庭
樱花树（既存）
马路
阳台
二楼

设计师利用原有的樱花树，在这一角围出一个小庭院，作为交通量极大的马路和住宅之间的缓冲地带

住宅南角的庭院是设计的亮点

04 生活之核

建造成为生活核心场所的住宅

对于住户来说，住宅可以说是他意识的中心。我们心中的家可以是客厅，可以是客厅旁连着的露台，可以是享受美食的地方，还可能只是一棵树。有时，我们脑海中的家可能没有一个具体的形象，只是一个极其模糊的想法——“我想要这样的生活方式”。无论是哪种情况，住宅都体现出住户的“价值观”或“梦想”，各人情况不同。

住户在意的是什么、看重的又是什么，了解这些问题是设计住宅的第一步，大家也都很想知道设计师会如何解决这些问题。

客厅串起生活点滴

房子的中心位置是一个开放型的客厅，这里是家庭生活的核心空间。餐厅和家庭活动室之间有竖格状的辐射式空调，不仅可以有效调节室温，还可以作为隔断划分室内空间。比起一般的空调，辐射式空调的温度调节更加柔和，更适合在大开间的户型使用。客厅上部为挑空设计，旁边是二楼的儿童娱乐室，明亮的阳光也可以从房屋南侧的小院透过挑空空间洒进室内。

玻璃窗外是小院

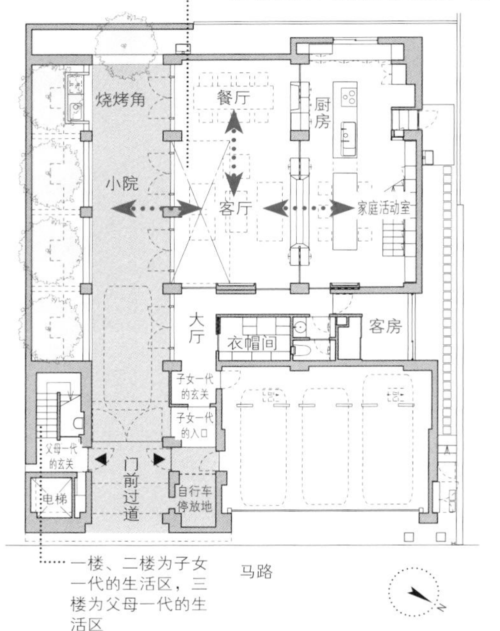

以客厅为中心，各种各样的生活空间连在一起构成了这栋住宅。通过天井，二楼也和一楼室外的小院、室内的餐厅、家庭活动室连在一起

一楼、二楼为子女一代的生活区，三楼为父母一代的生活区

将客厅作为生活的核心

照片中客厅的左侧是小院。辐射式空调在室内起到隔断的作用，将里侧的餐厅和右侧的家庭活动室区隔开

半户外空间是另一个客厅

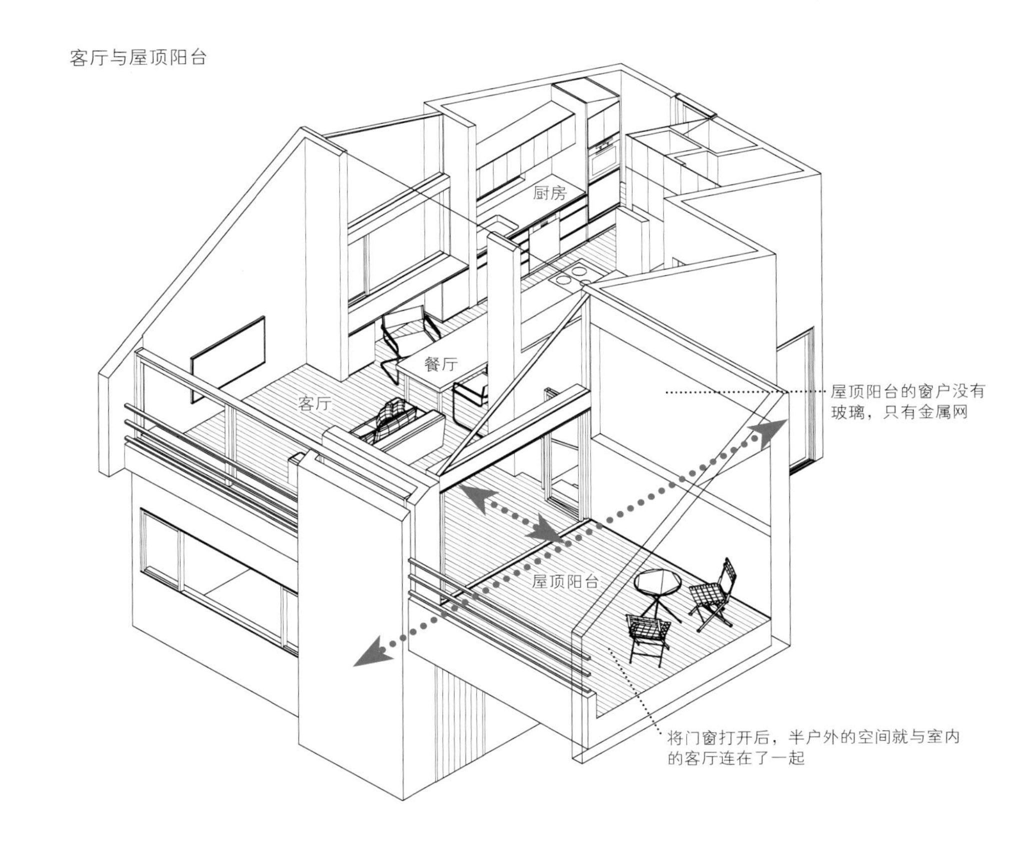

建在高台防护墙之上的住宅
混凝土防护墙在住宅建好之前就已经存在，现在防护墙的一楼为车库。二楼的推拉窗可以完全打开，人可以在高台上欣赏窗外景色

与室内相连的半户外区域，可以扩大生活空间，提高生活质量。以此住宅为例，设计师将屋顶阳台设计在室内，与客厅相连，且带有屋顶。客厅与屋顶阳台之间有一扇可以完全打开的折叠门，尽量减小两者地面的高低差。另外，阳台面向户外的窗户全部安装金属网，既体现了半户外空间的特点，又不用担心蚊虫的侵扰。将来如果有必要，可以再为窗户安装一层玻璃，这样，半户外的屋顶阳台就可以变身为一间正常的房间。

户塚的住宅

与隔壁空间连在一起的屋顶阳台

折叠门打开之后，眼前的客厅就与里侧的屋顶阳台连在了一起。客厅变身为户外客厅，穿堂风吹过，舒适无比

面向草坪小院大开门窗

舒适的外廊

此户住宅为平房，外部贴有洋松材质的雨淋板，整体显得更加悠闲舒适

可以看到屋外小院的玄关

这栋住宅的地皮面积很大，玄关的设计质朴大气，彰显出良好品味

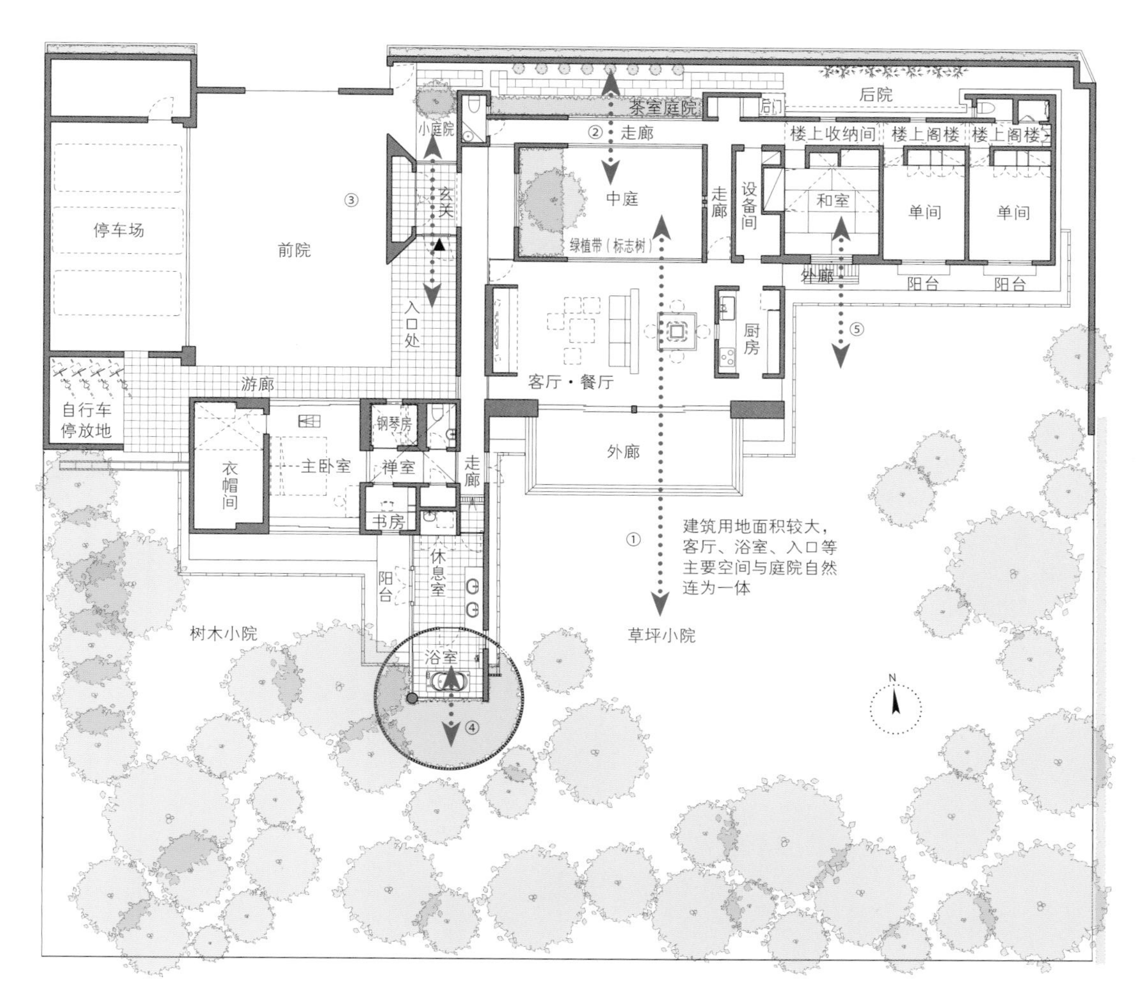

宽敞的庭院与房屋是一个整体

整栋住宅分为三大部分，三部分按照雁阵形式分布，各部分之间互不干扰

如果地皮面积较大，住户会希望可以建一座悠闲舒适的住宅。以此住宅为例，虽然房屋建筑规模较大，但设计师尽可能使建筑物看上去不那么巨大，就像一般住宅的规模。客厅和餐厅位于整个家的中心，屋外是宽敞的木质外廊，将草坪小院和客厅、餐厅连在一起，房间北侧是中庭，微风吹过，舒适无比。由于建筑用地面积较大，除了主要的草坪小院之外，住宅内还有许多各具特色的小庭院，它们将室内空间与室外空间更紧密地连接在一起。

可眺望三方美景的住宅

此住宅位于多摩川附近一条南北向斜坡上，视野极佳，可供两代人一同居住。设计师灵活运用地势优势，一楼、二楼为单间和客房，顶楼的三楼为一家人聚在一起的客厅和餐厅。为了确保在室内可以最大限度地看到窗外的风景，设计师在三个方向上分别设计了一扇玻璃窗，三扇窗连在一起。建筑物的主体结构为钢筋混凝土材质，三楼的屋顶采用钢架结构，可以尽可能少地使用立柱，以免影响视野。

三楼的全景玻璃窗

建筑物外观整体为大地色，和谐统一，彰显品位

带有拱形屋顶的开放型房屋

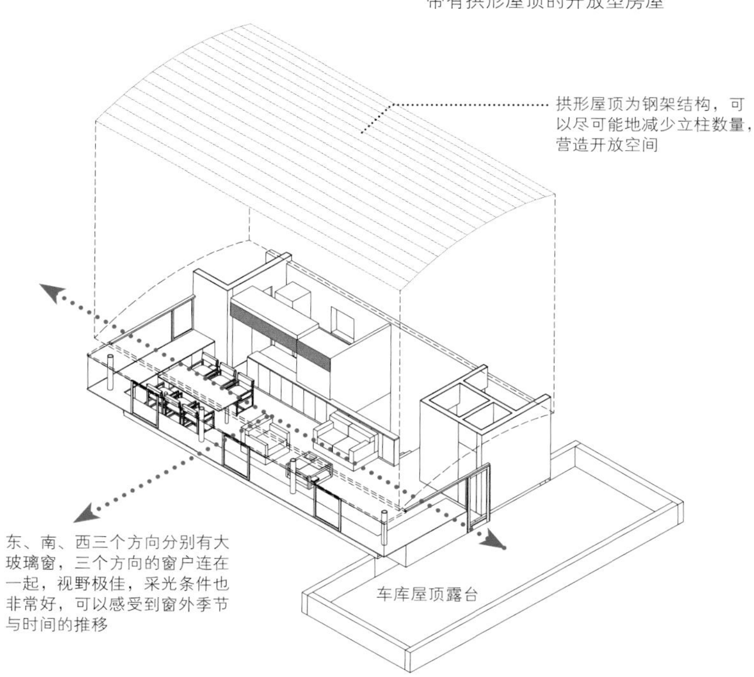

客厅的玻璃窗连成一片

拱形屋顶为钢架结构，使室内的气氛显得轻松自在，父母与子女两代人在这里一同生活

将远方美景收入眼中

远处清爽的风景在眼前展开

在庭院内可以看到远处的人工湖，东西方向有风自庭院穿堂而过。庭院里除白蜡树、四照花等落叶树之外，还有许多常绿树，为眼前的景色增添了几分色彩

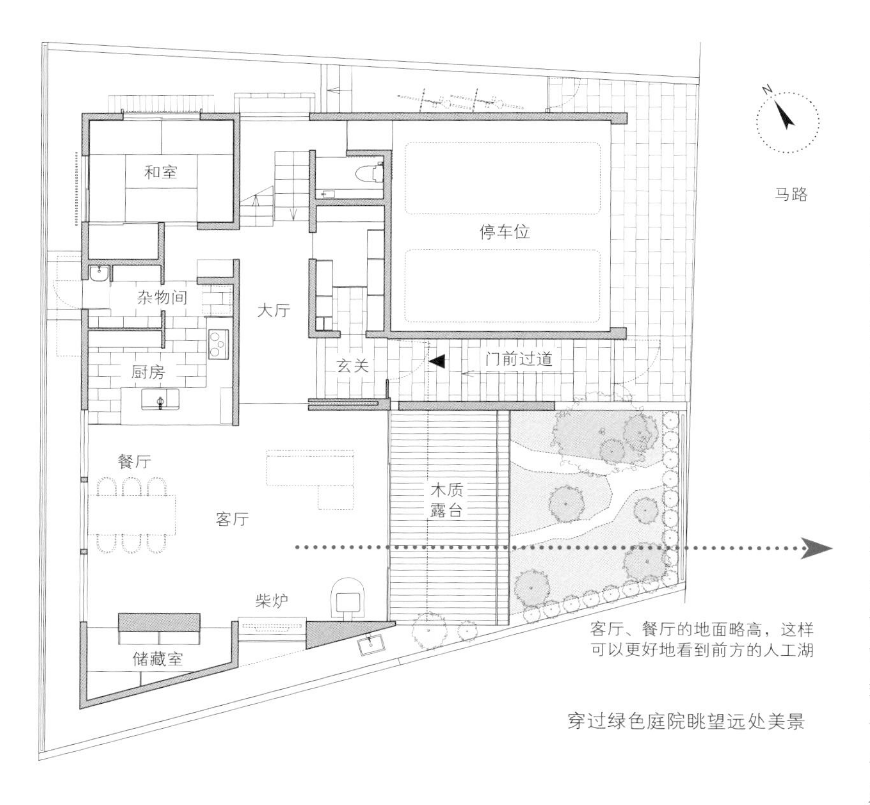

在家中可以欣赏到远方的美景，只这一点就足以令我们心情舒畅。一般的建筑物都是正面朝南，但由于这块建筑用地的东侧有一处人工湖，为了使住户可以在家中欣赏到绝美的风景，设计师将住宅朝向改为朝东。但是，如果只是单纯地在东墙上开一扇大玻璃窗，虽然可以欣赏到湖景，也会将家庭生活情景暴露在前方来往行人的目光下，因此，设计师在客厅和马路之间，栽种了树木，并设计了一个木质露台，保证住宅与马路之间保持有一定的距离。

埼玉的住宅

结构紧凑的小户型住宅

端端正正的主立面

主立面近似正方形的外观与方形玻璃窗的搭配非常和谐

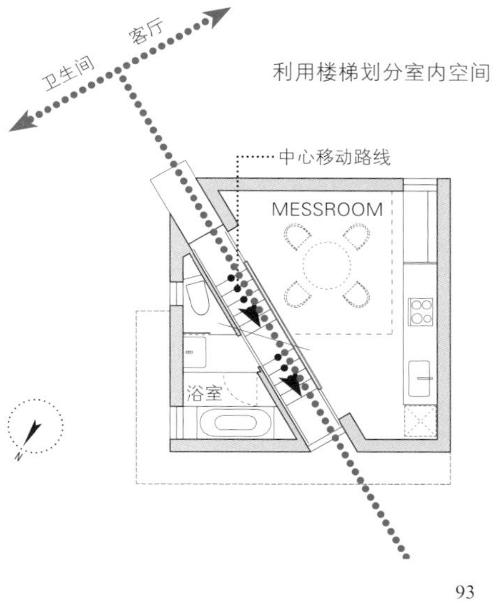

利用楼梯划分室内空间

此住宅为小户型住宅，外形酷似边长六米的正方体，室内斜插着一段楼梯，将家中一幅幅生活场景串联起来。住宅的中心房间被称作“MESSROOM”（意为船上的餐厅），设计师希望家庭成员可以自然地聚集在这里，使这里可以成为家中一处充满活力的场所。此外，楼梯并不只是简单的上下楼工具，它也是住宅的一部分，应该得到充分利用，例如平时可以作为长椅使用。设计师通过在屋内增加楼梯、设计挑空空间等方式，解决了户型狭小的问题。

东大泉的住宅

在客厅眺望南方天空

原木质感的住宅

洋松材质的窗框、天井部分的房梁，都赋予了这个家丝丝暖意。夏季时，可以在庭院内烧烤、放烟花，为生活增添乐趣

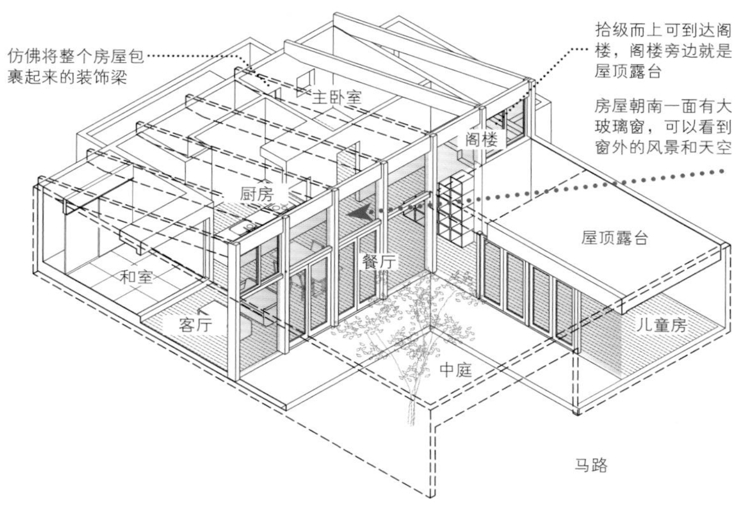

阳光洒满房间的每一个角落

此住宅为平房户型，周围是稻穗摇曳的田园风光。住宅的中心部分是带有草坪的中庭，孩子们可以在这里安全地玩耍。主要生活空间为胶合木结构，整体是一个开阔的大开间。朝南方向有大玻璃窗，方便阳光进入室内，照亮家中的各个角落。朝向中庭一侧窗户的窗框全部为木质，在外形上与室内的胶合木非常接近，具有整体感，且由于是天然材质，手感极佳。

宽敞的大开间户型

室内庭院扩展了生活的范围

在这个包含室内庭院的宽敞空间内，家人、朋友相聚在一起。照片中正前方的餐桌为椴木胶合板材质，为设计师原创设计

设计师在餐厅与客厅之间设置了一个“室内庭院”。室内庭院上部为挑空设计，光线充足，在家中属于半室外空间，有时可以作为客厅的扩展区域，有时也可以作为外部阳台的扩展区域，功能多样。地面铺有瓷砖，地下设有暖气，冬天赤脚走在上面也不会感到冷。房间中央有一架螺旋状阶梯通向二楼，楼梯除实用功能外，还具有装饰功能，外观似雕刻摆件，独具特色。

既可以扩展客厅空间又可以扩展阳台空间的“室内庭院”

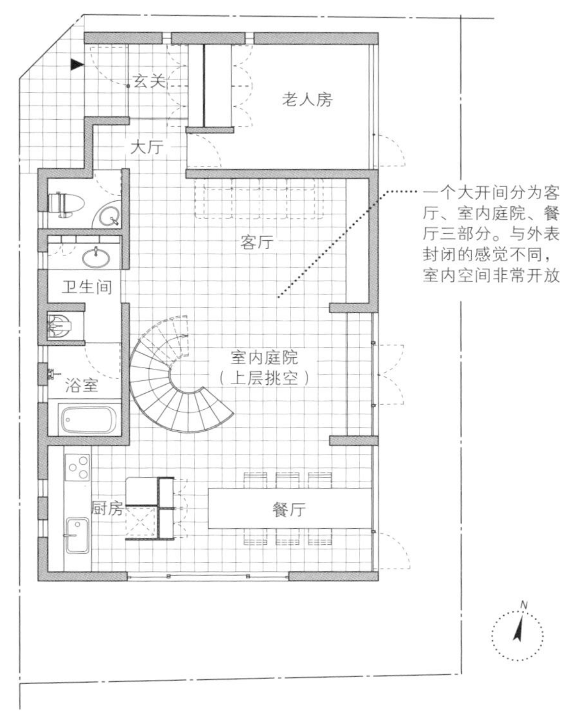

客厅与屋顶阳台相连

苍穹下的广阔景色

客厅西侧是一大片玻璃窗，立于窗前，全景风光尽收眼底。窗框为木质框架结构，可确保在安全的前提下开一扇大型落地窗

屋顶阳台与室内区域共同构成开放空间

为了确保住户可以看到远方的风景，设计师将住宅二楼西南侧整面墙都设计为落地玻璃窗，客厅、大厅、餐厅和厨房三大区域连在一起，组成一个光线充足的单间

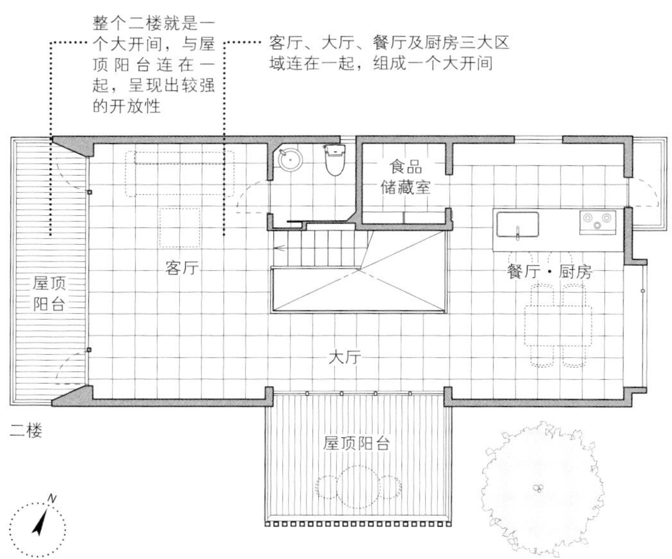

这所住宅建在一处高地上，可以看到远处横滨港、富士山等绝美风景。住宅南侧是邻居家的房屋，稍稍阻挡了阳光，因此设计师在房屋南侧采取了高侧窗采光法，使阳光可以通过屋顶阳台照进室内。此外，房屋西侧是一面大落地玻璃窗，窗外有屋顶阳台，可以使人最大限度地感受到室外的宽广。屋顶阳台与室内相连，在视觉上扩大了室内面积，同时阳台与室内之间的玻璃窗面积较大，易于清扫。

高侧窗——室内采光状况优劣的决定因素

临街住宅利用高侧窗进行采光

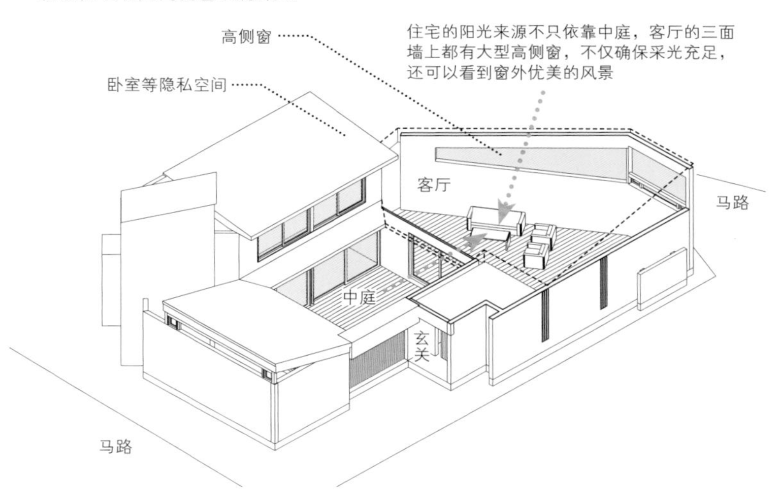

餐厅地面铺有榻榻米，安装有镶嵌式被炉[1]，餐厅旁就是客厅。包围着餐厅与客厅的外墙，还起到结界的作用，分隔马路与住宅空间。为了遮挡来自路上行人的视线、保护家庭生活隐私，设计师在屋顶斜面靠上的部分开了高侧窗，将阳光引入室内。住宅内设中庭，屋内既有朝向中庭、连结室内室外空间的玻璃窗，也有朝向马路一侧的高侧窗，还有开在屋顶的顶窗，各种特点的窗户组合在一起，营造出一处光影变化丰富、充满立体感的室内空间。

[1] 镶嵌式被炉：在日式房间的地上挖出一个坑，坑内放有炉子，可以坐着取暖。——译者注

利用采光井增强采光

由于周边环境的原因，有时很难为住宅安装大玻璃窗。这种情况下，可以在住宅的中心位置设置一个小型采光井，也能够有效改善采光效果。采光井、中庭、玻璃窗的相互配合非常重要，如果配合得好，住户甚至可以在家中享有一方只属于自己的天空。条件允许的情况下，住户还可以在采光井种一些可以遮荫的植物，方便观赏。如果没办法种植树木，也可以搭一些铁链，种一些藤蔓植物，它们会顺着铁链朝着太阳生长。

采光井使整个家更加明亮

即使你的家位于密集的住宅区，也有办法获得一方只属于自己的天空。照片中客厅左侧就是采光井

中庭兼作采光井

从三楼的和室向下看，可以看到二楼的客厅和采光井。采光井也兼作中庭，内有缠绕着藤蔓植物的铁链，将来可以成为一处小花园

将阳光请进住宅的中心

住宅被周围二、三层的建筑物围在中间，因此设计师设计了采光井，不仅确保了采光，还可以在客厅欣赏到外界的美景

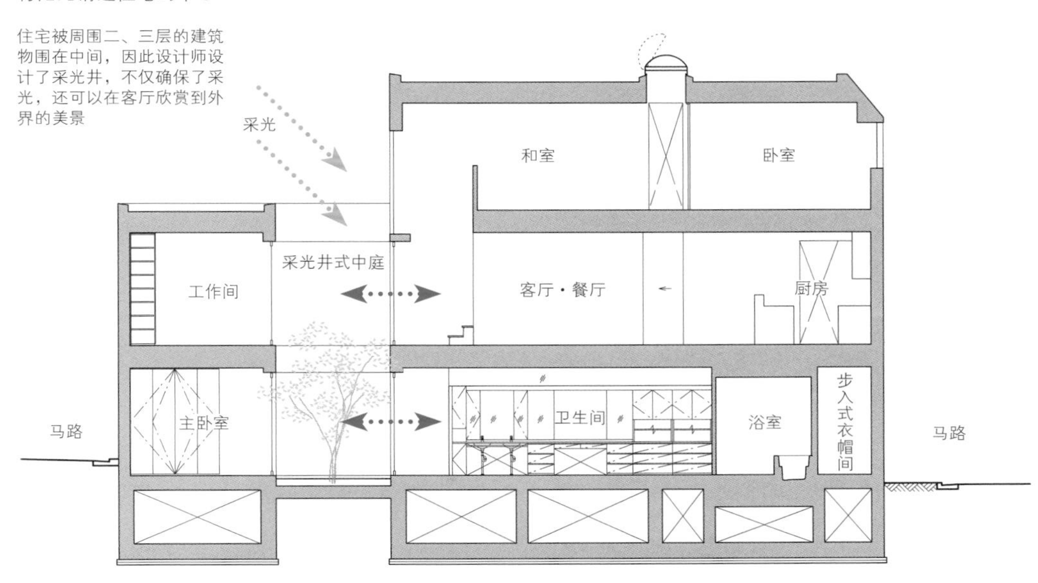

用折叠门隔出厨房空间

厨房门可以自由关闭

将厨房的折叠门关起，它就变成了一面板材材质的墙壁。这种拉门的设计也会影响建筑的整体氛围

在很多户型中，厨房与餐厅是连为一体的，有时候家中来了客人，主人就会想要将这两个空间隔开，不希望客人在餐厅中看到厨房的景象。此户住宅采用了全开式折叠门，将厨房与餐厅隔为两个空间。门关起后，就像是一面板材材质的墙壁，餐厅也就变成了一处比较正式的场所。厨房里面有通向家务间的通道，即使关起折叠门也非常方便。

家务间的出入口也是设计的重点

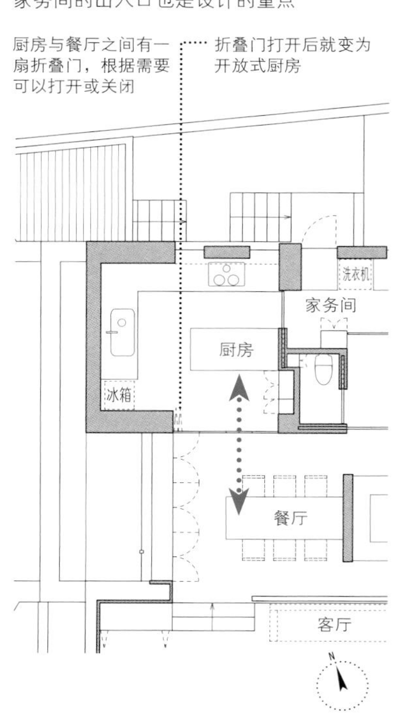

与料理台连在一起的餐桌

餐桌是整个家的中心轴

此住宅户型较为狭长，因此设计师将餐桌、壁炉、日光浴室以及连接庭院的走廊都设计在一条中心轴上

改变地板高度，打造更加方便的厨房

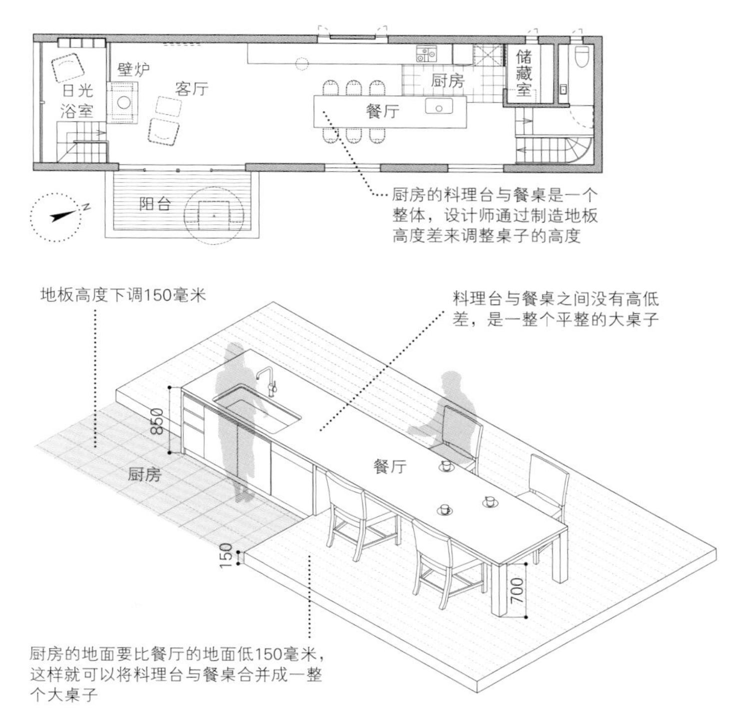

这一家的女主人想要一户可以“享受厨房之乐的住宅”，希望家人聚在一起，快乐地烹饪，开心地用餐。由于地皮地形的限制，住宅内部空间狭长，住户还要求要有餐厅与开放式厨房。因此设计师将厨房料理台与餐桌设计为一个整体。为了调整料理台的高度，设计师将厨房的地板高度下调了15厘米。对于不擅长收拾整理的住户而言，也许会不适应完全开放的厨房，但如果从现在开始使用，或许就可以养成保持厨房干净清洁的习惯呢。这款户型值得一试。

代田的住宅

手感极佳的实木餐桌

欣赏实木纹理

设计师与住户一同挑选的伊罗科木材质的长桌。桌板足有8厘米厚，如果桌面上有一些刮痕或污渍，可以轻轻刮掉，又能变得和新做好时一样

这栋住宅适合喜欢烹饪、享受美食、乐于团聚的家庭居住。住宅的中心区域应该设计为何种生活空间需要具体问题具体分析，此户住宅的中心区域为餐厅与厨房。设计师将这两个空间合为一体，在空间中央位置摆放了一张实木餐桌，也兼作厨房料理台。全家人聚集在这里，常常会碰触到餐桌，因此餐桌的材质必然十分讲究，设计师与住户一同前往木材工厂挑选餐桌材料，最终决定使用实木制作。实木自身带有岁月的痕迹，希望能够用它做成一款有品位的餐桌。

木地板与置物架也都是实木材质，为白色的室内增添了一抹柔和的氛围

餐桌与开放式厨房连为一体

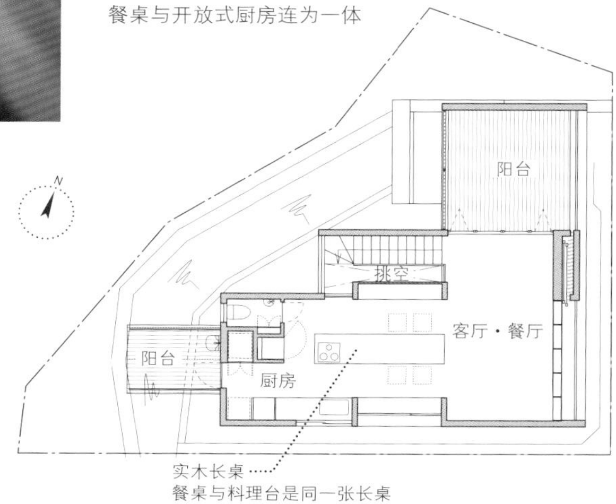

实木长桌
餐桌与料理台是同一张长桌

围坐在地炉旁享用美食

低视角令生活更轻松

餐厅内设有地炉。一家人在这里用餐之后还可以欣赏窗外风景

住宅前后皆有庭院，具有开放性

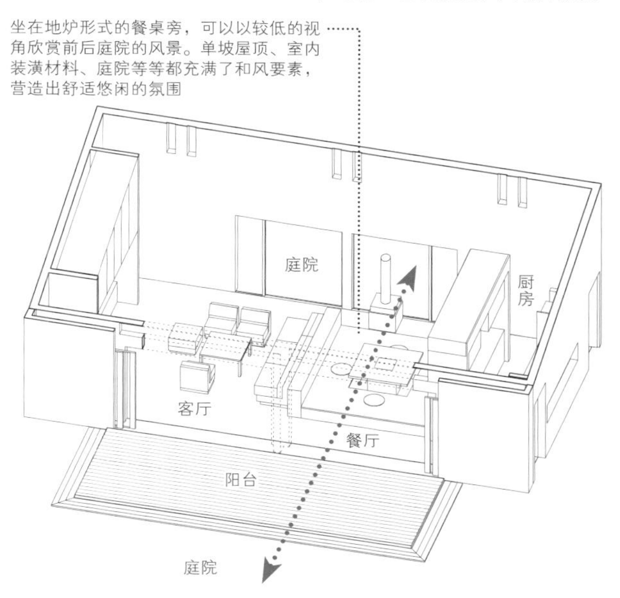

这所住宅餐厅中央设有地炉，人可以围坐在地炉周围，利用炭火制作各式料理，享受轻松自在的生活。地炉上方的照明设备还兼有换气扇的功能，可以将料理时产生的烟气顺畅排到室外。另外，地炉周围的地板下安装有暖气设备，坐起来十分舒适。家中其他房间的座椅都是西式风格，只有餐厅的座椅为日式风格，家庭成员比较容易聚集在这里，餐厅也因此成为整个家的中心区域。住户事后有反馈称："餐厅的地炉太舒服，客人都不愿意离开了呢"。

行田的住宅

围绕土间展开各种生活场景

鹄沼的住宅

各房间与开放的土间走廊相连

土间走廊的地面铺有芦野石，看上去既柔和又有品味。照片中右侧为餐厅

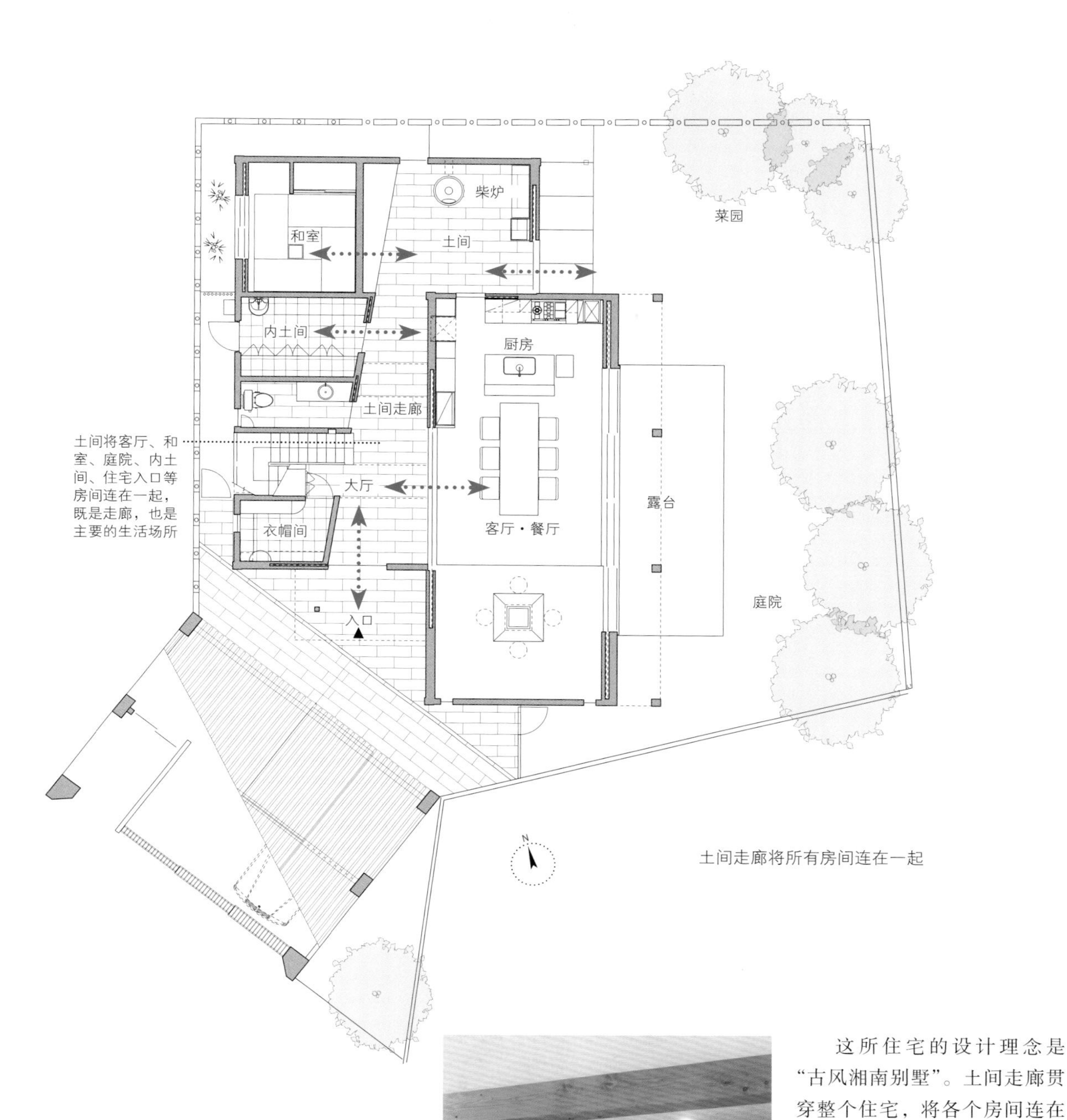

土间走廊将所有房间连在一起

这所住宅的设计理念是“古风湘南别墅”。土间走廊贯穿整个住宅，将各个房间连在一起。土间可以作为半室外空间利用，从玄关进入土间，可以看见土间尽头是一处宽敞的空间，摆放着大型柴炉和制作陶器时使用的转盘。土间走廊上方全部为挑空设计，是一处通风良好的开放空间，在这里可以感知到家人都在做些什么。土间地面铺有芦野石地砖，给人以柔和的感觉，搭配洋松的框架、硅藻土的墙壁，营造出一处质朴、温暖的空间。

土间与和室令人忆起旧时风光

挂墙式折叠长桌

挂墙式折叠桌平时收起来挂在厨房料理台下方墙面，必要时可以放下桌面，作为长桌使用。桌面收起时与墙面浑然一体，放下时整个桌面非常平整，和料理台台面间没有高低差，制作精巧。桌面完全放下，可以形成一个宽1米、长3米的大长桌，当家中举办多人聚会时，它就派上了大用场。此外，为了防止桌面放下后误关，桌面下方还设计了结实精巧的金属支架。

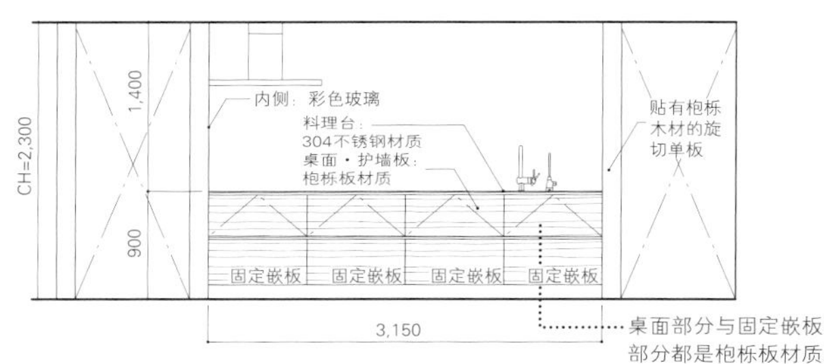

长桌在举办聚会时派上用场
立面图。挂墙式折叠桌收起时挂在厨房料理台下方墙面，长度在3米以上

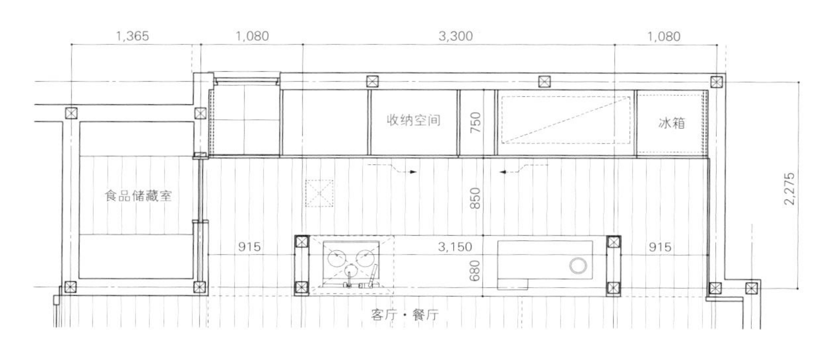

不能忽视厨房的背面
俯视图。料理台后面是被推拉门隐藏起来的收纳空间。虽然是开放厨房，也可以保持整洁有序的状态

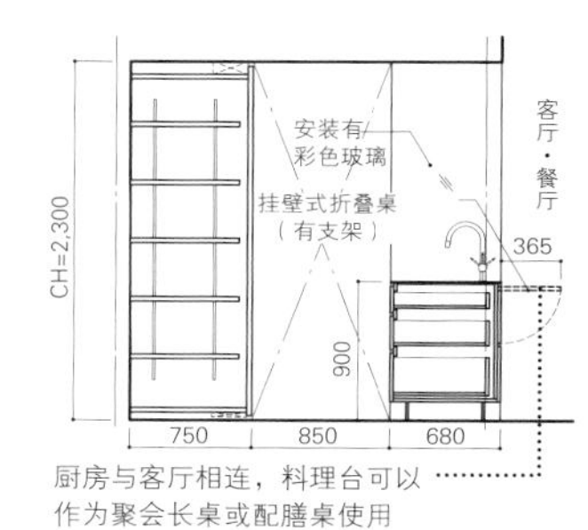

厨房与客厅相连，料理台可以作为聚会长桌或配膳桌使用

放下桌面后的扩展用途
侧视图。厨房的料理台为标准尺寸，宽为68厘米，撑开折叠桌后，宽度超过1米

收起的长桌
桌面收起时与墙面浑然一体，料理台后面是被推拉门隐藏起来的收纳空间

放下桌面后变身长桌
长桌为枹栎板材质，表面做涂油处理，和家中整体装修风格相符

05 钟爱之屋

建造具有附加价值的空间

建造一栋世间独一无二的定制住宅，意味着设计师需要尽可能满足客人的要求，这些要求有时在某种意义上可能称得上“疯狂”。这些疯狂的要求，有时也许和一座普通的住宅并不相配，但对于重要的客户而言，即使再怪异，这栋住宅也是他独一无二、不可替代的珍贵宝物。或许旁人看来会觉得略显怪异，但拥有属于自己的梦想是建造住宅的第一步。

设计师要为了实现顾客的梦想竭尽全力。要充分理解顾客的需求，甚至做出超越顾客预期的方案，这样建出的房屋才能得到住户长久的喜爱。

位于地下的理想家庭影音室

滨田山的住宅

宛若会客厅一般的交流空间

家庭影音室面积约为48.6平方米。墙壁和天花板中颜色较浅的部分可以反射声音，颜色较深的部分可以吸收声音

吸音壁与反音壁的分布

吸音墙面与反射声音的墙面交替分布。这样的组合方式（房屋的尺寸比例）是建造最佳影音室的关键

吸音壁与反音壁的结构

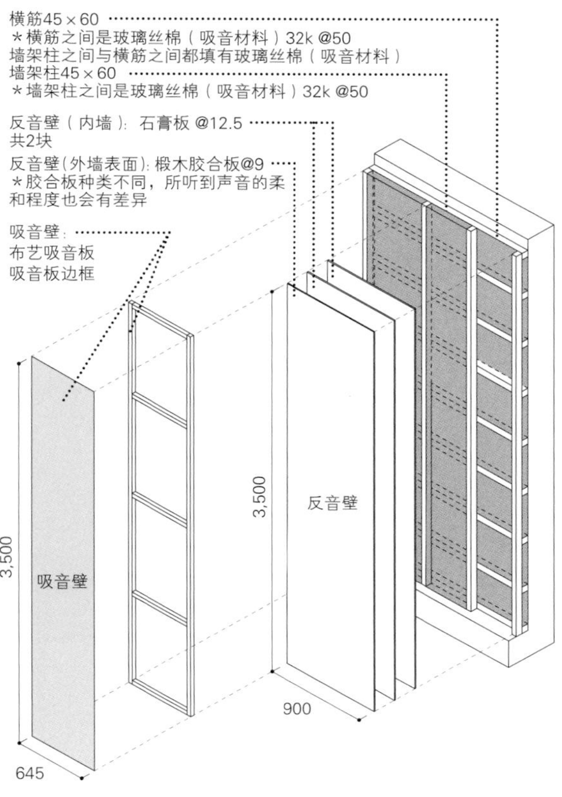

一间理想的家庭影音室，不但要音质极佳，还应该是一处家人、客人等所有与这个家有关的人都可以轻松聚在一起的空间。建造家庭影音室时，最重要的是不能因为音响设备减少房间的有效使用面积，而并不是复杂的施工方法——毕竟只要遵循基本规则，普通的施工人员也可以建好影音室。此间家庭影音室由建筑设计师与音响专家石井伸一郎共同设计，音效极佳。同时这里还是家中的交流空间，全家人可以聚在这里做各种事情。

半地下的舒适家庭影院

对于在城市中生活的人而言，在自己家中用大音响听音乐，用大屏幕看电影，无疑是最奢侈的一种享受。如果是住在公寓楼或普通独户住宅，这种事情根本不敢想象，因此才会有人想要建一座属于自己的住宅。家庭影院不但要有好的隔音效果，还要有好的音效。整个家庭影院既要进行隔音设计，还要进行音响效果设计，并且还需要恰当地使用吸音材料和反音材料，只要做到这些，就可以在自己家中建出一个功能齐全的家庭影院。

反射声音的墙壁表面贴有柚木板材

家庭影院内木料装饰部分均为柚木材质，看上去使人心情平静。面积约32.4平方米大小，高约4米。设计师参考音响专家石井伸一郎的建议后设计了此家庭影音室

根据音响的黄金比例进行设计

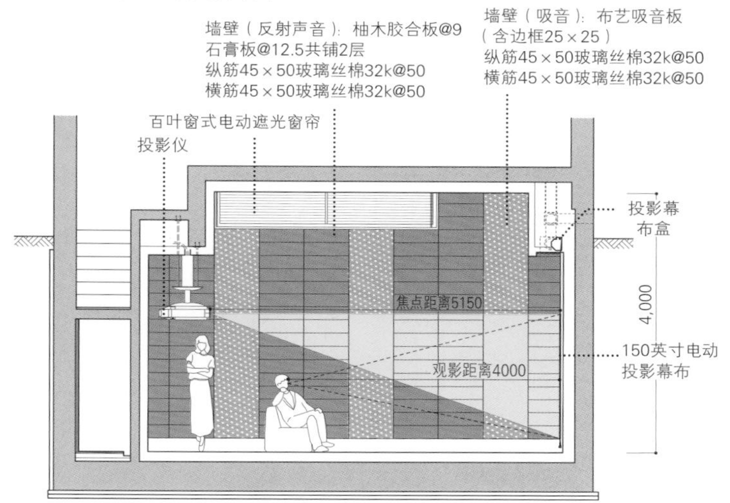

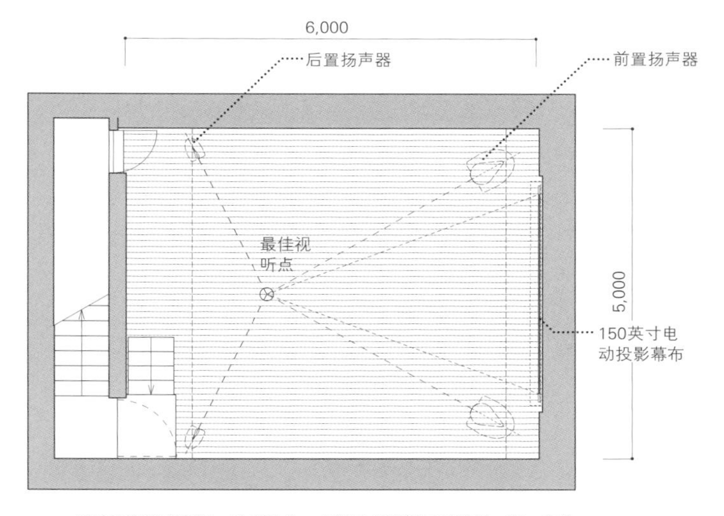

设计家庭影音室时，最重要的一点就是处理好屋子进深、宽、高的尺寸比例。此户住宅中的家庭影音室进深、宽、高的尺寸比例接近最理想的比例（1:0.845:0.725）

汽车狂热者的书房

透过玻璃窗就可以看到自己的爱车
开放与封闭达到了一种平衡，令人感觉非常舒适。住户可以在这里享受一个人的自在时光

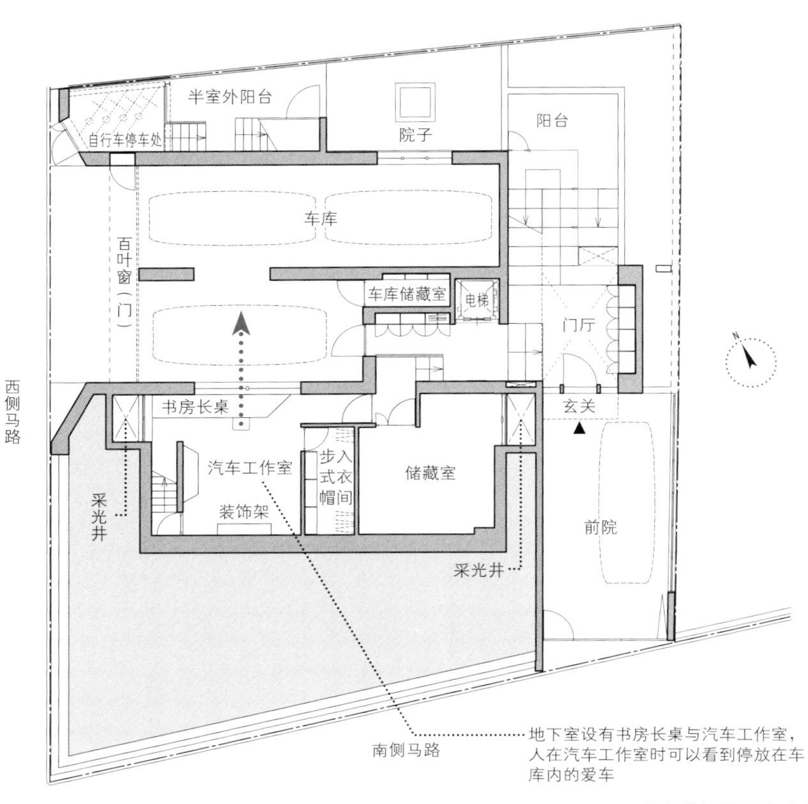

书房位于地下车库的对面

对于痴迷汽车的人来说，没有比坐在家中就可以看到自己的爱车更开心的事了。此户住宅将书房设计在地下车库的对面，为住户提供了一个享受独属自己的“Car-life空间”。书房建在地下室时，有时会由于空间、地形等因素的限制，没有办法设计一扇朝向外部空间的窗户，但与车库连在一起之后，书房内的视野变得更加开阔，地下室书房意外变为一处开放性较强的空间。

围绕挑空空间而建的工作间

令人感到心情舒畅的工作间

工作间面向挑空空间而建，两侧的墙壁设置得仿若画廊。置物架上摆放有CD、藏书等物品

工作间的正面有一面投影屏幕，可以在这里观看电影等影视作品

有些住宅内虽然有中空区域，但并没能有效地利用。挑空空间周围的墙壁距离楼下地面有一定的距离，不容易利用，很容易显得特别单调。此户住宅中，设计师在客厅上方挑空部分的旁边，设计了一个工作间与画廊风格的书架，使人的活动变得更加多层、立体。工作间的正面是可以电动升降的投影屏幕，可以在这里观看电影等影视作品。

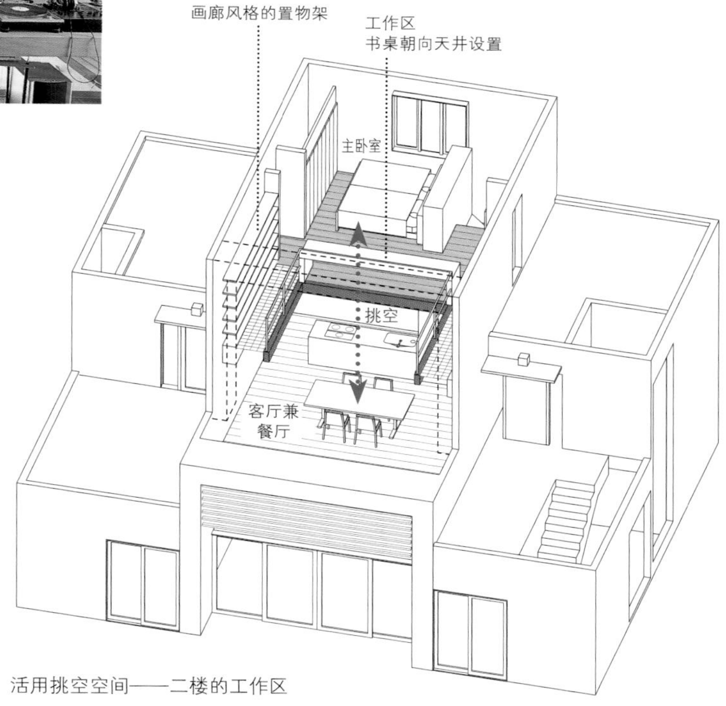

活用挑空空间——二楼的工作区

川口的住宅

在工作间欣赏远方美景

工作区的前方是天井

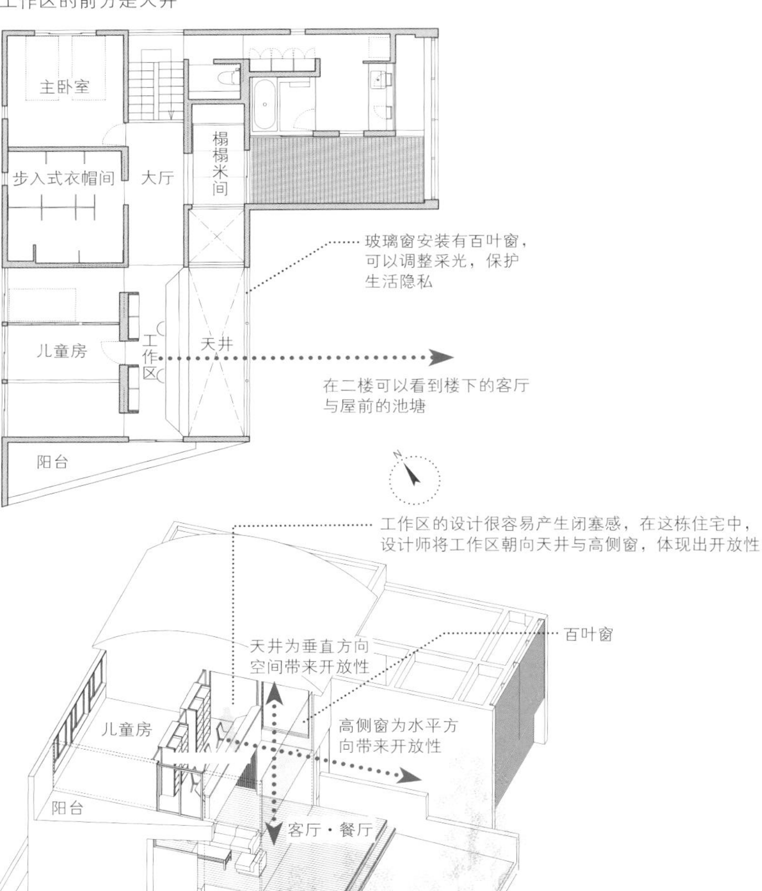

有些书房或工作间，人进入后视线被拘泥在小小的房间内，从而产生一种闭塞感。这栋住宅临湖而建，视野开阔。为了充分利用地形优势，设计师将全家人都可以使用的工作间建在二楼，正对着玻璃窗。此外，工作间的前面是天井，既保证阳光可以到达一楼的客厅，还可以防止阳光直射工作间的桌子。玻璃窗安装有遮光帘，可以根据需要拉开或合起。

画廊风格的走廊格外引人注目

上连雀的住宅

将普通走廊变为画廊

设计师将长廊紧临中庭的一面设计为落地窗，在窗台上摆放一些家里的艺术品，普通的走廊就变身为一条画廊

对于住户而言，长长的走廊并不单纯是一处路过的场所，还是一处“切换意识的空间”。在这户住宅中，主卧与母亲居住的次卧之间夹着一个中庭，从主卧走到次卧需要走过一段长长的走廊，保持了彼此的独立性。但是如果长廊没有窗户，会显得非常闭塞、单调。因此，设计师将长廊紧临中庭的一面设计为落地窗，在窗台上摆放一些家里的艺术品，使这里变为一处展示空间。母亲回到自己房间的路途中，也可以更好地转换自己的意识。

连接次卧与主卧的走廊

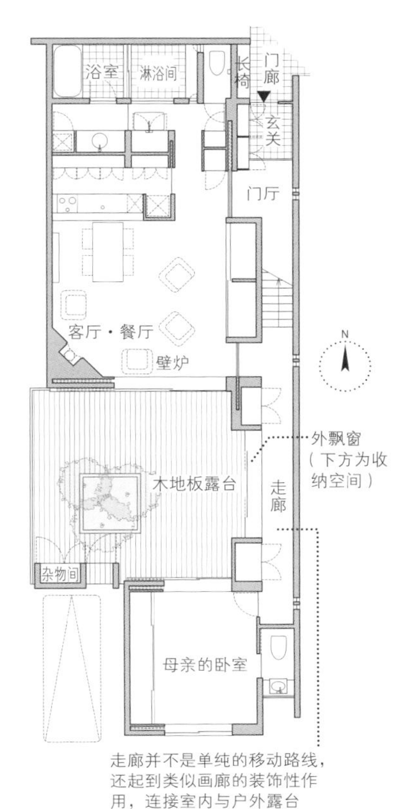

走廊并不是单纯的移动路线，还起到类似画廊的装饰性作用，连接室内与户外露台

中庭变身为户外走廊

紧邻工作室的开放空间

中庭四周墙壁为混凝土材质，表面没有进行任何加工。中庭可作为走廊使用

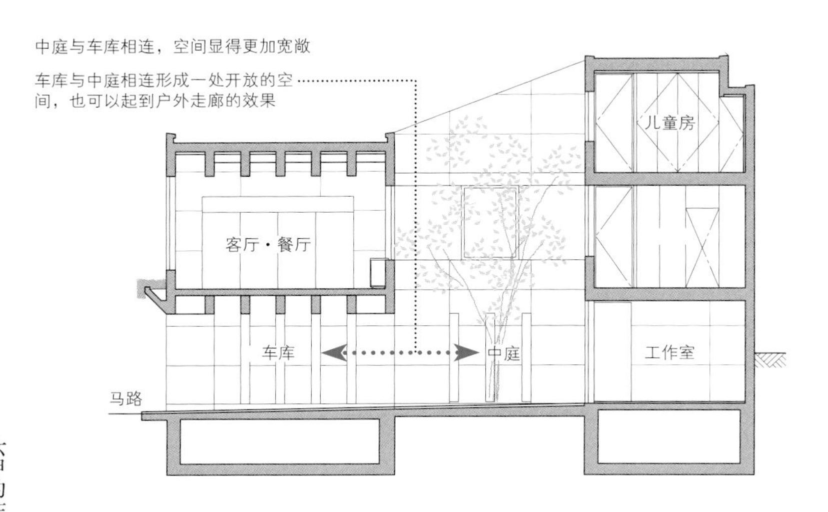

这所住宅的一楼有一间制作珠宝饰品的工作室。中庭紧邻工作室，种有一棵四照花树，阳光充足。中庭的另一侧是车库。工作室、中庭、车库整体可以作为户外走廊。中庭一侧临街，开放性强，非常方便，访客的车也可以停在这里。有时也可以将车移走，工作室、中庭、车库整体就变身成了聚会场地。

让孩子们走出卧室的房间布局

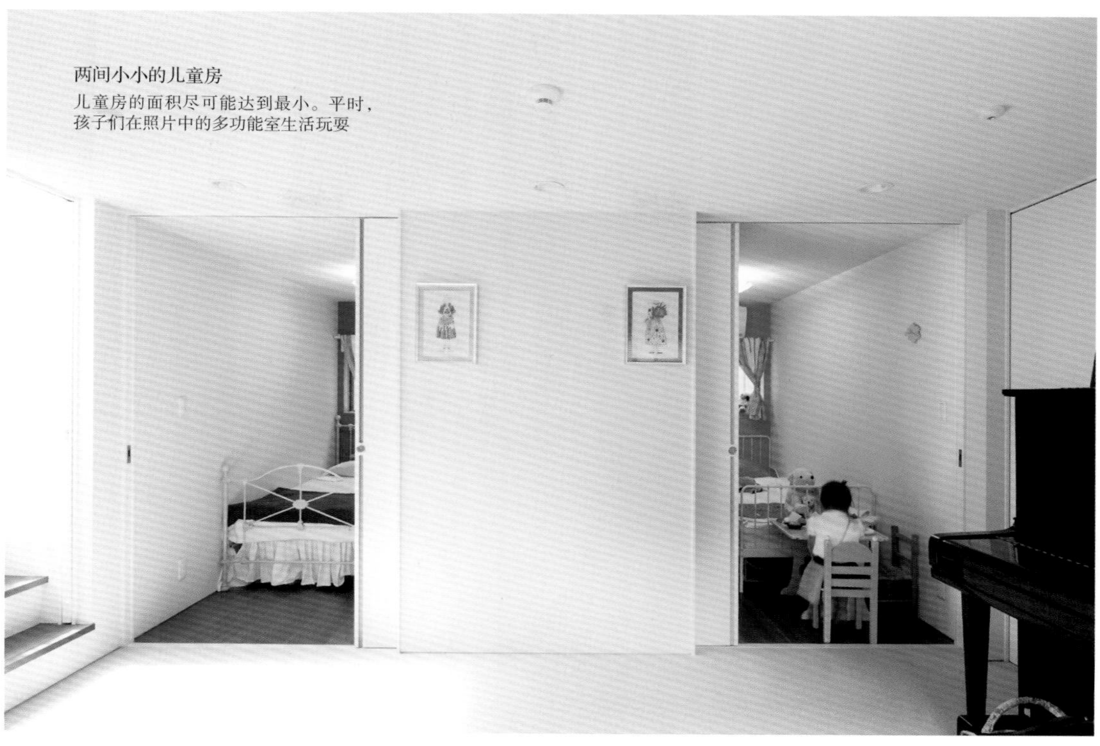

两间小小的儿童房

儿童房的面积尽可能达到最小。平时，孩子们在照片中的多功能室生活玩耍

学习时在多功能室

在窗边的位置设置桌面和吊着的书架，用于孩子们学习的空间就足够了

便于父母掌握各房间情况的房间布局

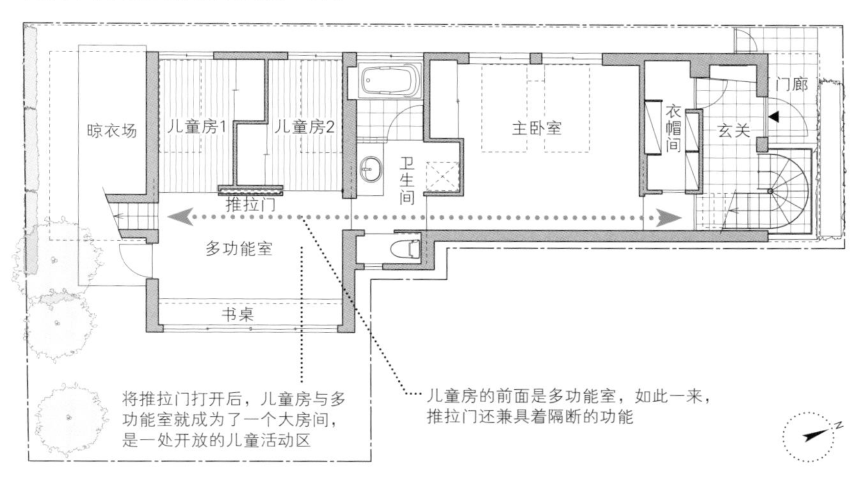

儿童房的面积尽可能做到最小，旁边紧邻着全家共用的多功能室。孩子们平时在这里学习。多功能室内有一处类似走廊的地方，父母可以很自然地看到孩子们生活、学习的场景。有时，父母也可以和孩子们一起在多功能室学习、娱乐，增加亲子间的交流。

代田的住宅

玻璃摄影工作室

充满阳光的摄影空间

为了保证摄影工作室可以在自然光的条件下拍摄，整体使用玻璃搭建而成。室内安装有空调系统，提高了舒适性。照片里侧位于半空中的为悬浮的摄影工作室

这栋住宅中包含一处专门为摄影师设计的工作室。对于摄影师而言，理想的摄影条件之一就是使用自然光拍摄，为了满足这一条件，设计师在住宅内建造了一处墙壁、顶棚全部为玻璃材质的摄影工作室。在实际进行摄影工作时，可以利用玻璃墙上安装的白色丝绸来调节光线，还可以将天空或建筑物前巨大的樱花树作为背景拍摄。我们常常可以看到在这间摄影工作室拍摄的女性写真集，照片给人一种明亮、干净、健康的感觉，这是只有在自然光的条件下才能达到的效果，人工打光是无法办到的。

白色的客厅

客厅是日常生活的场所，设计师利用硅藻土、聚碳酸酯等材料，营造出一处极具现代气息的舒适空间

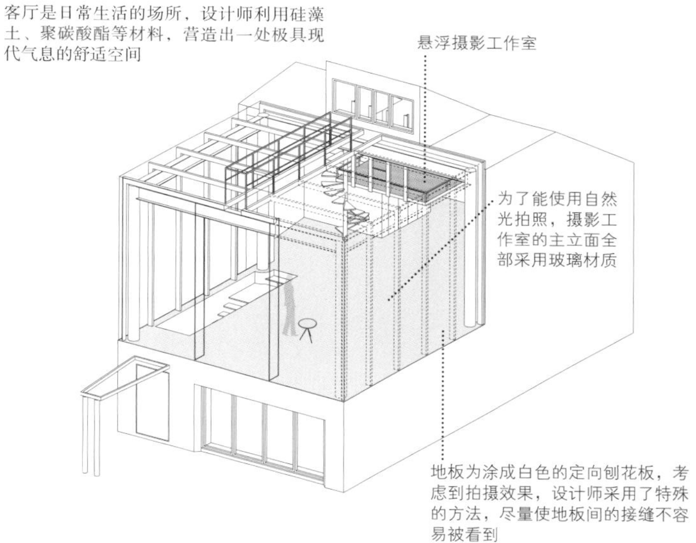

工作室的外观像一个飘在空中的玻璃方块。一楼是居住空间

居住区的楼上是摄影工作室

体现日式开放感的住宅

和室不设角柱，仿若置身户外

将和室的推拉门全部拉开，整个空间变得非常开放，令人心情愉悦

吉祥寺的住宅

和室与客厅相对而建

和室与客厅之间略有一定距离，属于次屋。家中的任何人都可以坐在榻榻米上欣赏庭院的风景

和室属于住宅内的次屋。主屋是主人一家主要的生活场所，而和室则是一处愉悦访客的空间。当住户年老后，和室还可以作为一处无障碍卧室使用，方便轮椅进出。为了和庭院看上去更像一个整体，设计师在和室的四个角落处不设角柱，方便门窗可以全部打开。和室门窗为通风性好的防雨百叶窗、玻璃窗、网格窗等，将门窗全部打开后，和室就和庭院成为一个整体。

中庭连接和室与客厅

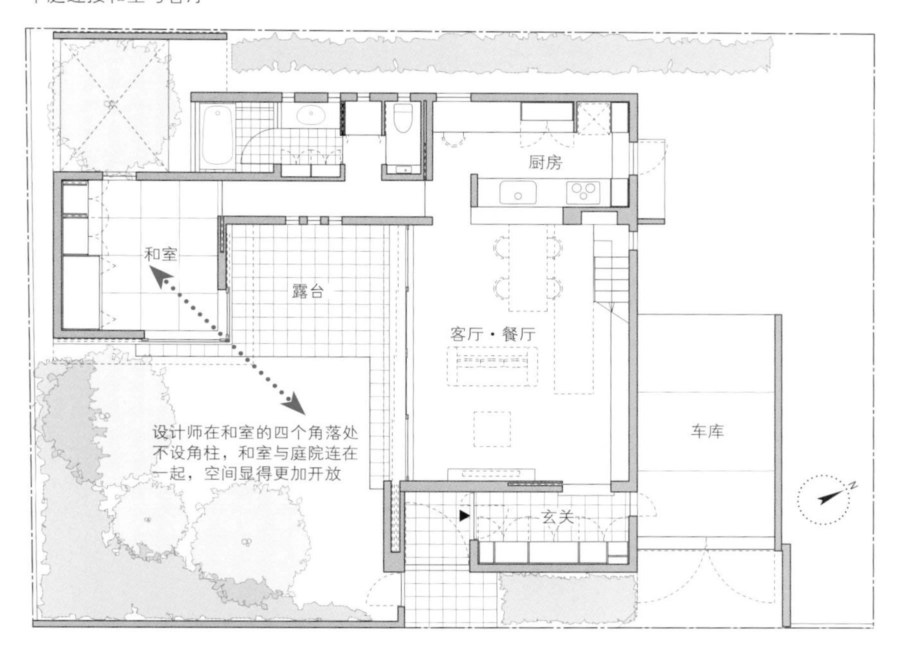

阳光充足的地下室

明亮的地下室

地下室挑空部分的外面是采光井，阳光由采光井进入地下室。为了便于居住，这里还设有厨房和淋浴间

采光井和地下室挑空部分

阳光透过大型采光井进入地下室。这里和一般印象中的地下室不同，非常舒适宜居

利用采光井将阳光引入地下室

车库及玄关

地下室天花板高5.3米，室内宽敞明亮，让人感觉不到身处地下

前方马路

地下室出入口

自由空间

地下室

采光井面积较大，内部台阶采用单侧固定式结构，体现出一种上升感

除卫生间外，地下室各个生活区构成一个大开间，住户可以根据自身情况选择居住方式，也可以将其作为SOHO（家居办公室）使用

地下室不参与住房容积率的计算，因此，如何有效利用城市住宅的地下室，使其成为生活空间的一部分，对于设计师而言是一个非常重要的课题。如果利用得好，就可以将住宅的使用面积扩展为原容积率的1.5倍。以此户住宅为例，地上部分为自家居住，地下部分租给他人居住。地下室上方挑空设计，安装大玻璃窗，可以保证采光充足。虽说是地下室，也不能整天见不到太阳。只要设计方案得当，就可以建造出明亮、健康的地下空间。

06

浴室之趣

建造充满趣味的洗浴空间

浴室在住宅内属于对功能性要求极高的场所，既要方便使用，还要容易维修保养。但同时这里也是能使人放松心情、恢复元气的场所。与客厅、餐厅不同，我们并不会长时间待在浴室里，只是在结束一天忙碌的生活后才会到这里放松身心，因此，浴室可以说是家中“别墅一般的存在”。

为了营造更加舒适的浴室，我们可以将其改建为一处赏景之地。屋外空间的设计能够非常好地保护家庭生活的隐私，这时如果将浴室与庭院适当地连在一起，可以起到更好的放松身心的效果。

一 用花岗岩打造舒适浴室

对于住户而言，浴缸材质的选择是建造浴室时一项非常重要的内容。如果使用商场中销售的浴缸产品，购买安装都非常方便，保养维修也比较简单。但是如果使用花岗岩这样热容量大的材质制作浴缸，保温效果会更好，而且那种高级感是批量生产的市售浴缸无法比拟的。在此户住宅中，浴缸与冲洗处的地板都是相同的花岗岩材质（锖石），旁边是火山岩材质的岩盘浴区域。在浴室可以看到室外的庭院，庭院内有水盘、砂石、植物组成的造景，可以遮挡邻家的视线。泡完澡后还可以到院子里小酌一杯。

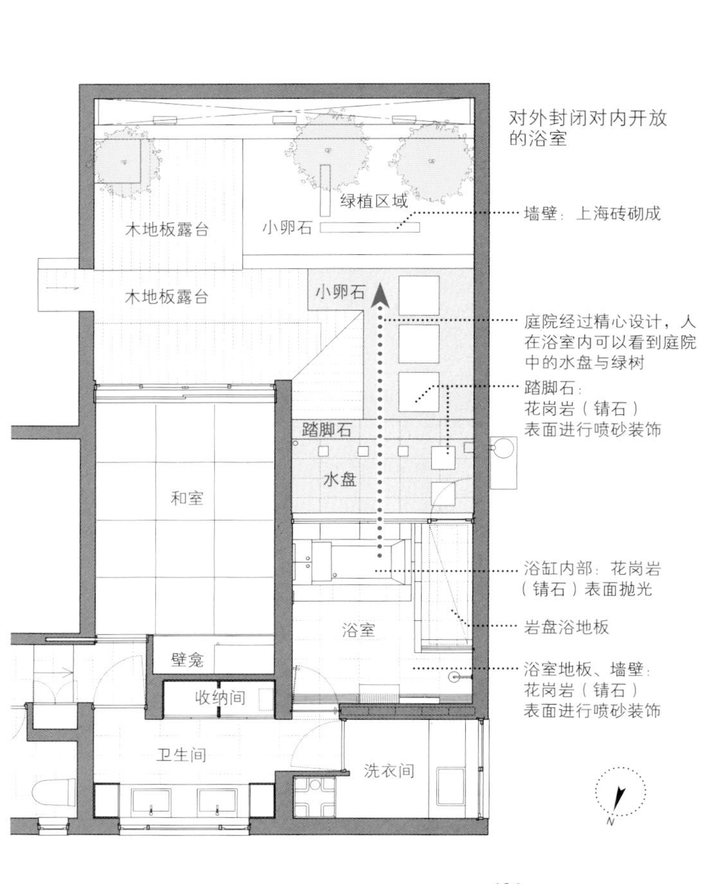

充满格调的浴室

入浴场所处处都是花岗岩，质感极佳。院外是水盘、砂石、植物组成的造景，使得浴室更具意境

在树木的包围下尽情享受泡澡乐趣

前桥的住宅

庭院内设有露天浴池

娑罗树、四照花等众多绿色树木将庭院装扮得丰富多彩。按摩浴缸的对面是“四季庭院”。庭院内设有露天浴池，在这里泡澡仿佛置身于森林之中

有人认为，“浴室就是住宅中的小别墅”。我们常常可以听到这样的事情：有些人虽然有别墅，但去一次费时又费力，渐渐就很少再去了。如果想要在自己家中建一处类似别墅的空间，脱离日常的生活琐事，那么浴室绝对是这处空间的极佳选择，改造过程既有趣又可行。此户住宅的浴室内设有桑拿和冷水浴区、按摩浴缸，室外还有露天浴池，可以享受各种入浴的乐趣。入浴区域和邻家之间是一座拱形围墙，由抛光过的混凝土砖砌成，可以阻挡邻居的视线。浴室门窗周围种有许多常绿树，也可以有效遮挡外界视线，整个庭院富有山野风趣。

在仿若别墅的浴室内享受四种入浴方式

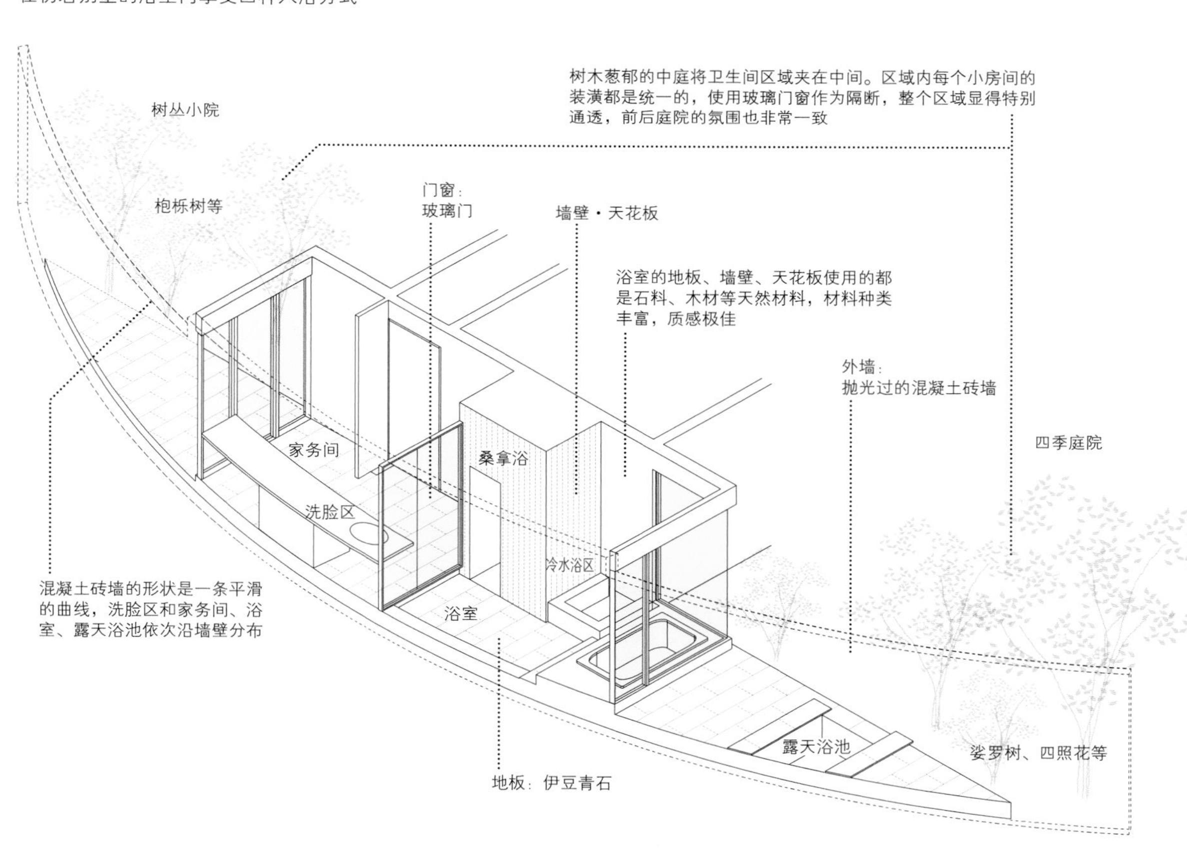

一 利用带孔砖搭建浴室围墙

如果浴室外面是一处大庭院，反而会让人觉得不安。即使安装了大玻璃窗，在洗澡时还是会拉起百叶帘，这样就有些本末倒置了。此户住宅的建筑用地面积较大，房内的浴室既可以保护个人隐私，又可以欣赏外面的风景。浴室周围有一面拱形砖墙，砖墙由带孔砖砌成，不仅可以遮挡来自周围的视线，还可以保证通风。卫生间也处于拱形墙壁的包围中，它也是浴室的出入口。拱形围墙内的小庭院和墙外自然风格的大庭院氛围不同，地面铺有白色鹅卵石，夜晚时，小庭院的树木和砖墙上的彩灯装饰会被点亮。

仿佛屏幕一般的围墙

这是在庭院看到的浴室景象。带孔砖砌成的围墙遮挡了视线，但可以保证通风，呈现出一种特别的氛围

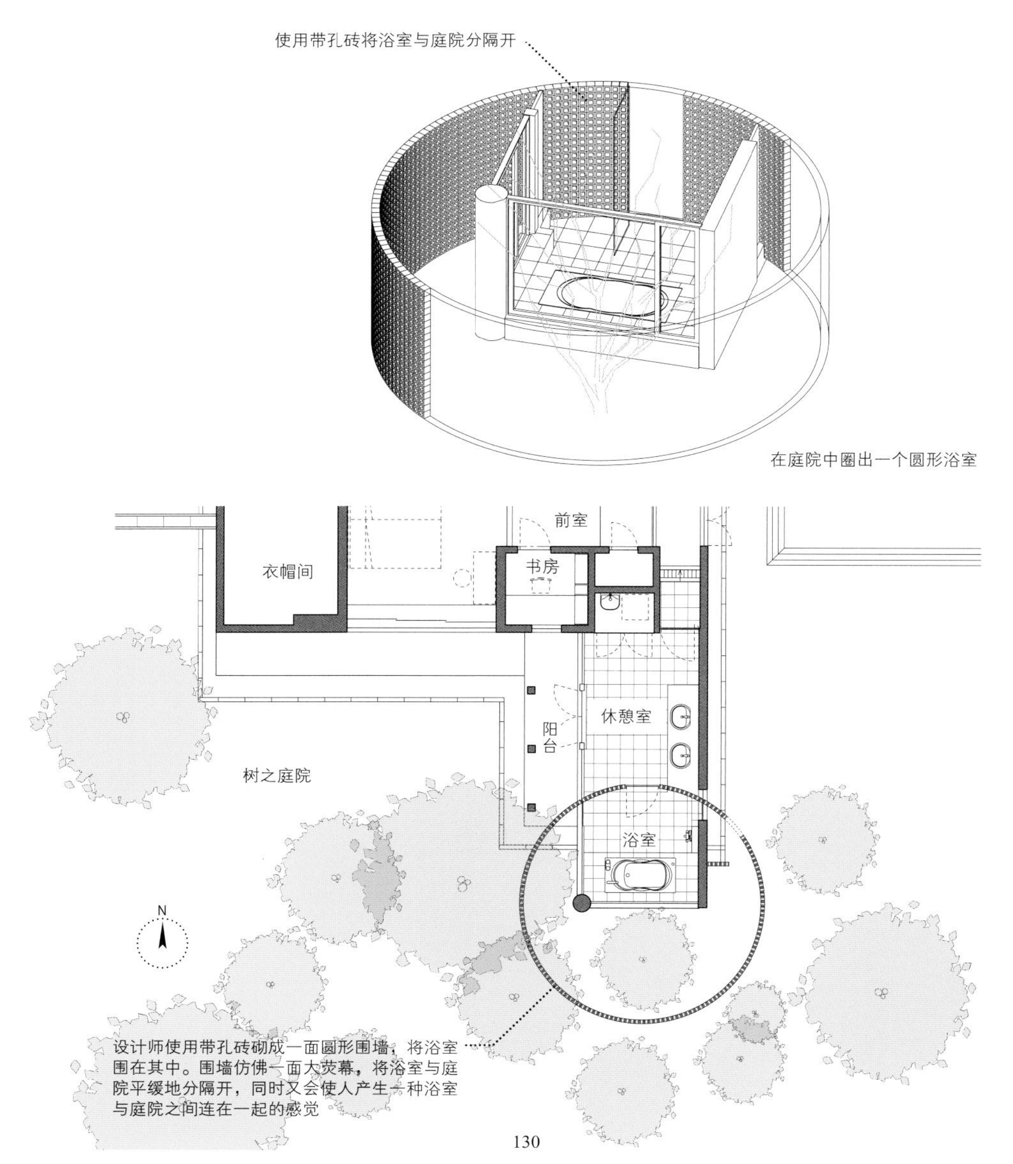

设计师使用带孔砖砌成一面圆形围墙，将浴室围在其中。围墙仿佛一面大荧幕，将浴室与庭院平缓地分隔开，同时又会使人产生一种浴室与庭院之间连在一起的感觉

行田的住宅

浴室背景是清爽的庭院

带孔的砖墙与地面上的白色鹅卵石反衬出绿树的风姿

一

连接庭院与客厅的浴室

浴室展现生活氛围

浴室与庭院连在一起，庭院内种有翠竹，在这里可以感觉到时间的缓缓流动。照片左上角窄窗的另一面就是客厅

客厅中的窄窗

窄窗位于客厅墙壁靠近地面的部分，透过窗户可以看到浴室内的情况，这种感觉非常新鲜

这栋住宅的主人是一对夫妻。他们将住宅内所有的房间都连在一起，整个家仿佛一个大开间，便于夫妻二人彼此感受对方的存在。浴室位于地下，玻璃门窗外面就是种着翠竹的庭院，使得整个浴室显得明亮又健康。浴室一侧墙壁上方有窄窗，打开窄窗后，浴室就与客厅连在了一起，如此一来，即使身在浴室，也可以和客厅中的家人交谈。浴室本来应该优先确保隐私性，于是常常建得仿佛密室一样，而此户住宅的浴室和许多令人意想不到的空间连在了一起，变成了一处通风极佳、充满乐趣的场所。

利用跃层空间的高度差搭建充满趣味的浴室

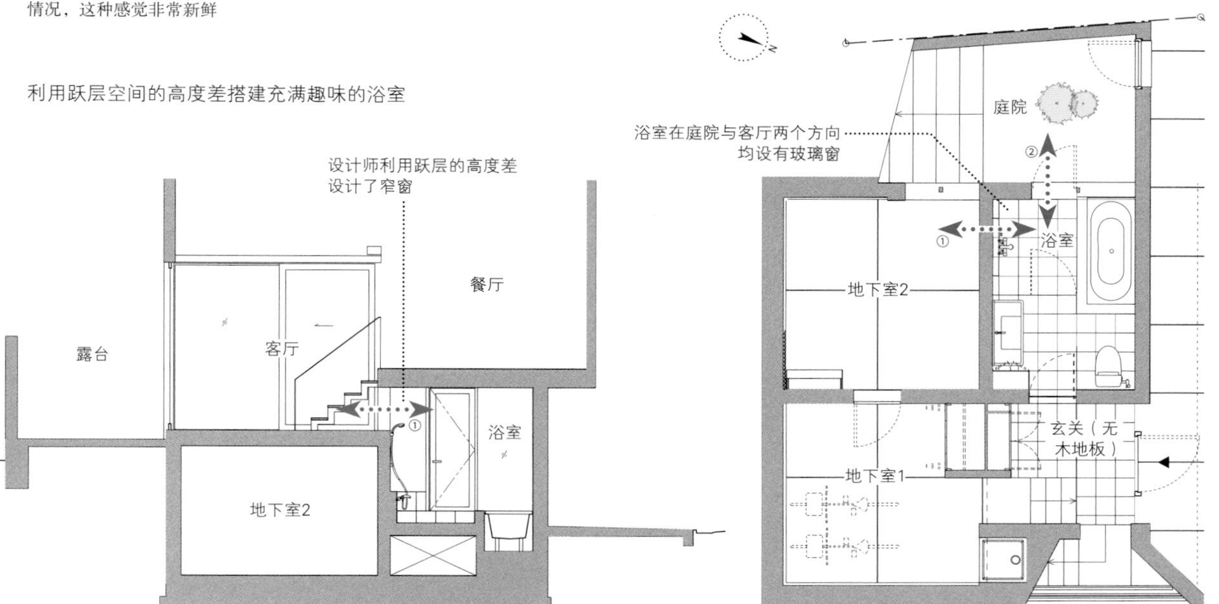

一

扁柏的触感与香气令人心绪平静

鹄沼的住宅

各种天然材料搭建而成的浴室

浴室面积约为1坪[1]，是非常标准的大小，浴室内使用了许多天然材料，既充满情趣，又安定心神

[1] 坪：建筑面积单位，1坪约为3.306平方米。——译者注

日本人自古以来就喜欢在浴室内使用扁柏木料，扁柏防腐性强，是最适合在浴室墙壁、顶棚上使用的树种之一。木料遇水之后，会散发出一种独特的香气，令人心绪安宁。虽说扁柏防腐性强，但还是需要定期进行干燥保养，使扁柏木料与地面隔有一定距离，可以有效防止木料变形、腐坏。浴室的地板和墙裙部分非常容易沾水，因此设计师在这些地方使用了十和田石。此外，设计师还在浴室外设计了一个木质的百叶窗，用来遮挡来自邻居的视线。

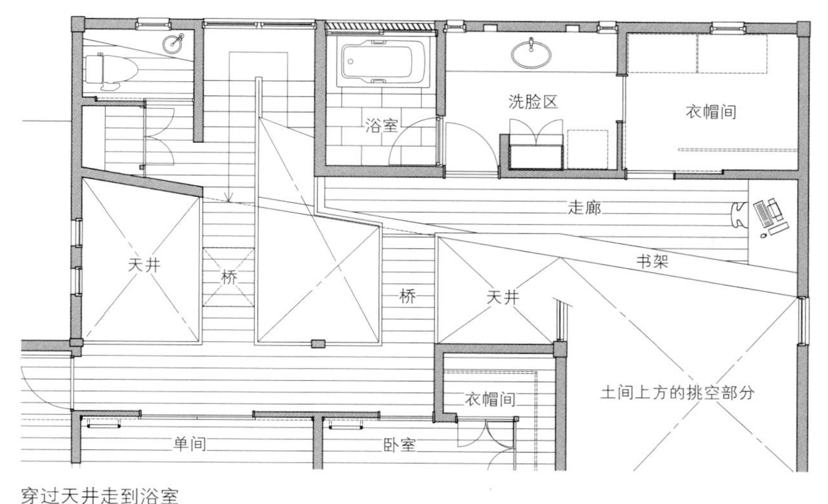

穿过天井走到浴室

从寝室等房间走向浴室时，会经过一座桥，这座桥就架在一楼天井的上方。走廊的一侧紧邻卫生间区域，另一侧则是书架，这里是家中一处充满趣味的地方

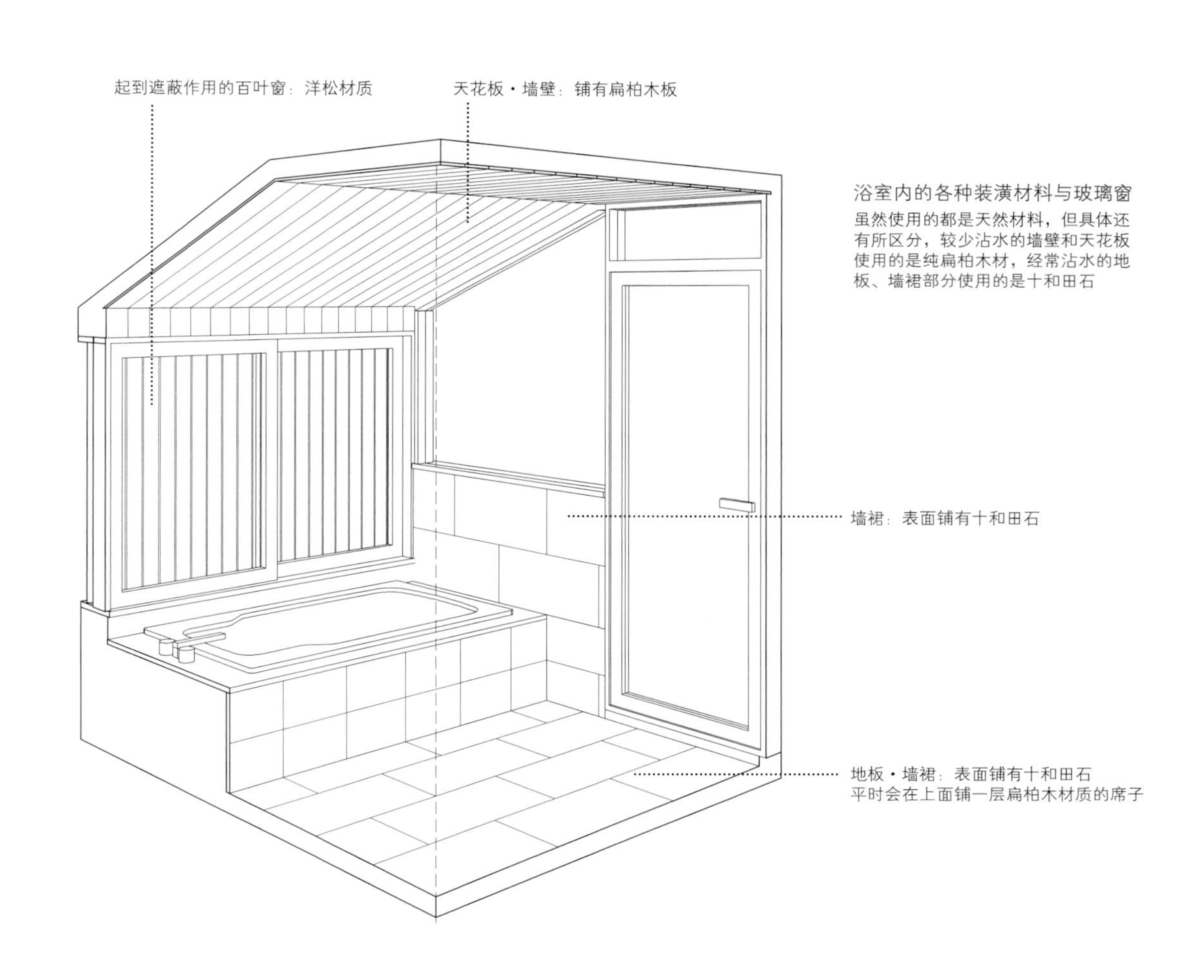

浴室内的各种装潢材料与玻璃窗

虽然使用的都是天然材料，但具体还有所区分，较少沾水的墙壁和天花板使用的是纯扁柏木材，经常沾水的地板、墙裙部分使用的是十和田石

宽敞的女性化妆室

透明的玻璃显得整个空间十分宽敞
化妆室与里侧的浴室间有一块玻璃作为隔断，地面上铺有相同的瓷砖，整个空间显得十分宽敞

原本，像浴室、女性化妆室等一类的用水空间应该是距离卧室近一些才方便。而在此户住宅中，用水空间与主卧室之间还隔了一个步入式衣帽间。这样一来，女主人就可以在化妆室内梳妆打扮。特别是洗脸池旁边还有梳妆台，女性可以在这里化妆、搭配饰品等，十分方便。此外，浴室与洗脸区域之间隔着一块玻璃，显得空间非常宽敞。为了遮挡来自外部的视线，窗户安装有百叶帘。

主卧室与衣帽间、卫生间相连

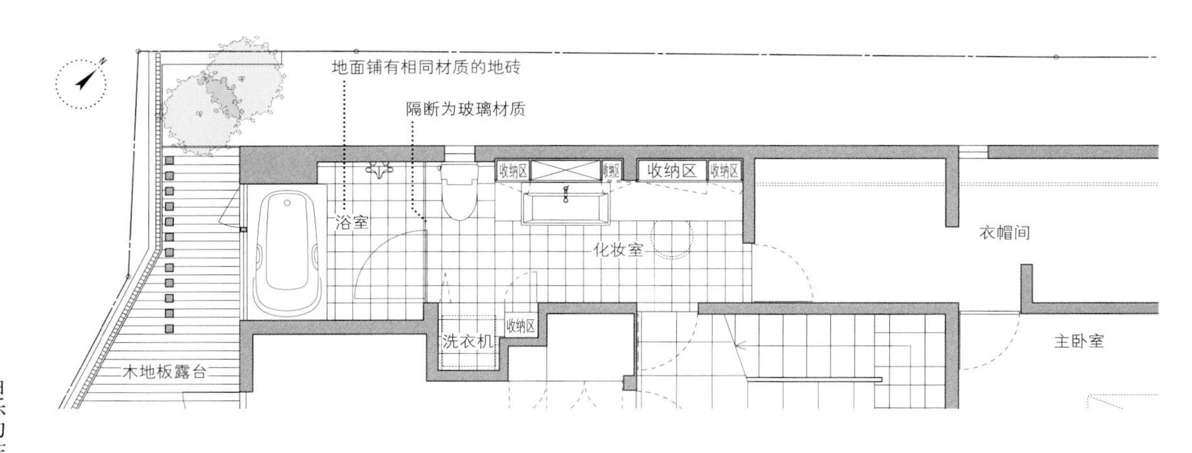

卫生间里的『登天梯』

卫生间内地势不断上升，呈现开放感

从洗脸池区域登几级台阶就是浴室，再登几级就可以看到通往屋顶的螺旋楼梯。台阶式的卫生间改变了日常生活的平淡氛围

穿过浴室到达屋顶

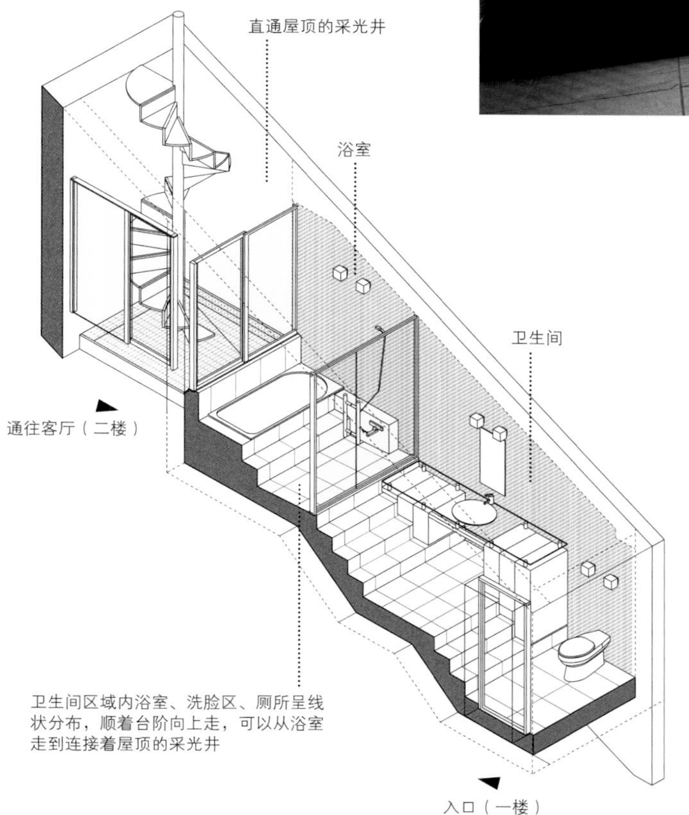

卫生间区域内浴室、洗脸区、厕所呈线状分布，顺着台阶向上走，可以从浴室走到连接着屋顶的采光井

很多人认为浴室内尽量不要设置台阶，这一观点有一定的道理，从老年人等行动不便的人的角度考虑，则更应该遵循这项设计原则。但是，如果我们打破这一固定看法，尝试建一个台阶式的浴室，就会发现许多不同的东西。在一楼卫生间入口处沿厕所、洗脸池、浴室的顺序向前，地势逐渐升高。卫生间尽头是采光中庭，中庭内有螺旋楼梯，沿着楼梯可以到达屋顶。台阶式卫生间既保护了隐私，又带有“奔向天空”的开放感。

带有螺旋楼梯的住宅

在浴室观赏中庭的标志树

园中树木四季皆可治愈人心

中庭的标志树是紫薇树，此外，还种有山胡、珍珠花、蜡瓣花、草珊瑚等植物，在浴室内一年四季皆可观赏到园中景色

在此浴室内，可以一边泡澡一边观赏园中绿植。从浴室可以直接进出庭院，孩子们可以在这一区域自由地玩耍。洗脸区与浴室之间有玻璃作为隔断，既最大限度地确保了通风与采光，又使得浴室显得宽敞、开放。此户住宅内的房间几乎都是朝向中庭而建，在中庭可以感受到家人的动态。浴室也是这些房间中的一个。庭院内的紫薇树未经过修剪，树形非常自然，在其周围还有许多其他植物，园内四季皆有应季的植物，充满自然意趣。

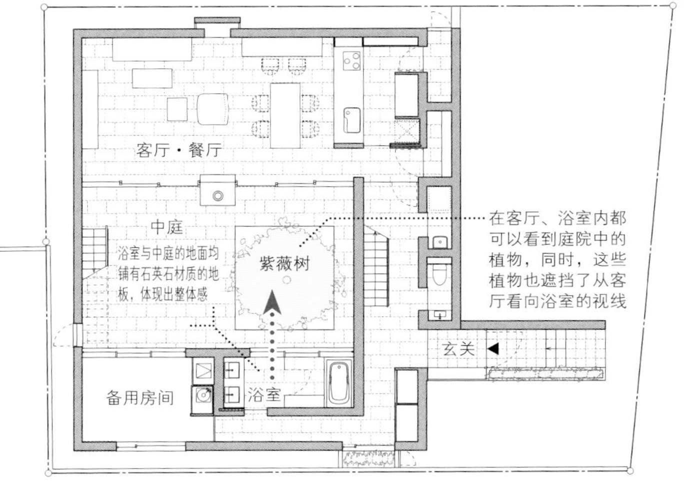

植物遮挡了看向浴室的视线

07 美的楼梯

连接楼上与楼下的空间

楼梯本来是一种纯粹功能性的存在，台阶一级一级连在一起，是为了方便人类移动而修建的“有梯度差的走廊”。但设计师却认为楼梯应该还蕴含着其他的能力——上下楼梯会影响人的心情，住户可以在这段过程中转换心情，访客也会在这个过程中变得更加情绪高涨。在上楼走向卧室的过程中，人的心情会转换为放松模式，而来访者从门厅上楼走向其他房间时，他的期待感也会提高。

楼梯是住房设计中难度较大的一环，也是最能发挥设计师才华的一环。在设计楼梯时，既要保证上楼方便、安全等功能性条件，还要注重设计的美感，要能够打动人心。

连接各个房间的平缓楼梯

感觉仿佛漫步在走廊之上

楼梯间外面就是中庭，四周墙壁全部为玻璃材质。楼梯坡度较缓，连接楼上与楼下

乌山的住宅

由楼梯进入卫生间

照片中右手边是卫生间的入口。宽宽的台阶踏板与卫生间入口的地板是一整块材料制成，衔接自然

令人感受不到压力的动线

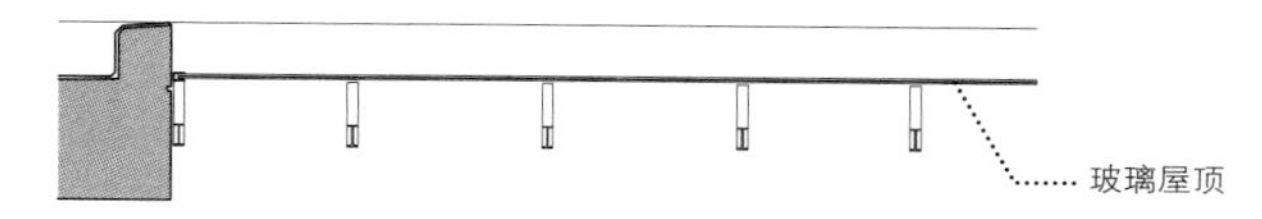

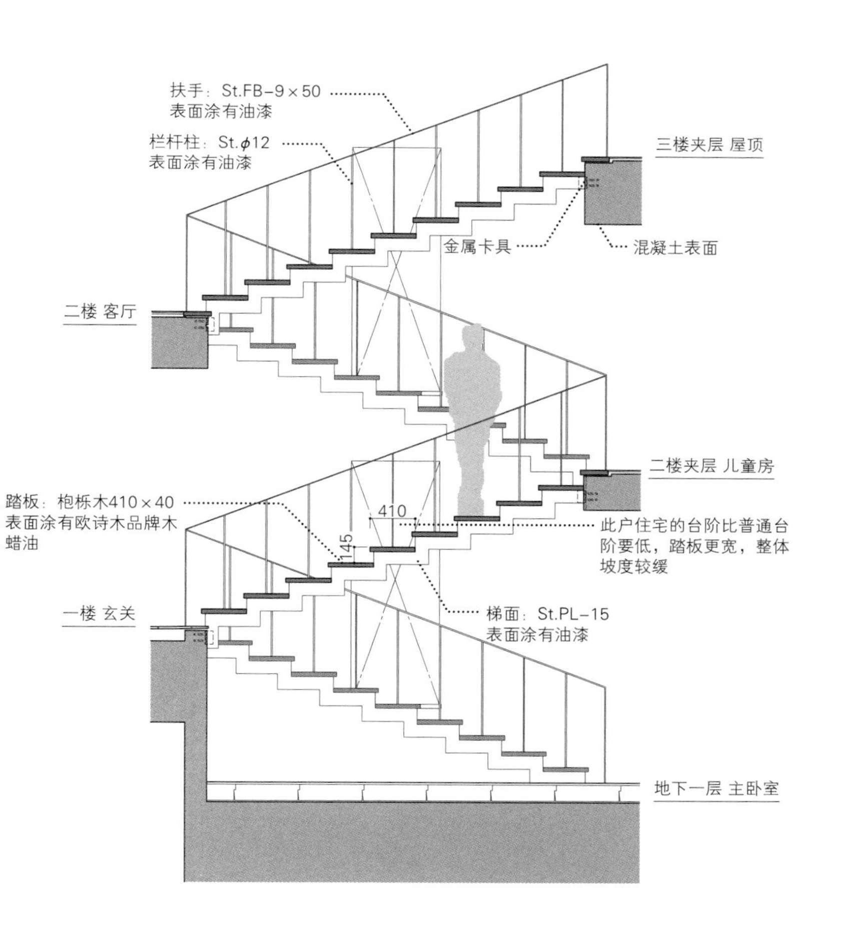

这栋住宅为复式户型，一楼与二楼之间差半层的高度，通过坡度极缓的楼梯连在一起。楼梯更像是一段走廊，每一级的高度差为145毫米，踏板宽410毫米，坡度约是普通楼梯的一半。这一段空间既不是普通的走廊，也不是一般的楼梯，人走在上面，意识不到自己正在“上楼下楼”，所以可以毫无压力地走上走下，非常自然地走到另一层空间。一般情况下，楼梯中途不设房间入口，但在此户住宅中，进出卫生间、储藏室的门就建在楼梯中途，衔接自然，毫无违和感。

与生活区域融为一体的楼梯

开放的楼梯

楼梯位于建筑物的中心位置，周围是生活区域

住宅面积较小时，楼梯有两种设计方案：一是尽量结构紧凑，不影响卧室等生活区域的面积大小；二是楼梯大小正常，可以通过各种方式将其作为生活空间进行二次利用。在此户住宅中，中心位置是一处开放型楼梯，它既是屋内主要的生活动线，同时还起到连接各生活区域的作用，有时还可以作为长凳使用。

一家人聚集在MESSROOM

“MESSROOM”是指船上的餐厅。楼梯既是孩子们的游乐场，也是可以坐下小憩的长凳

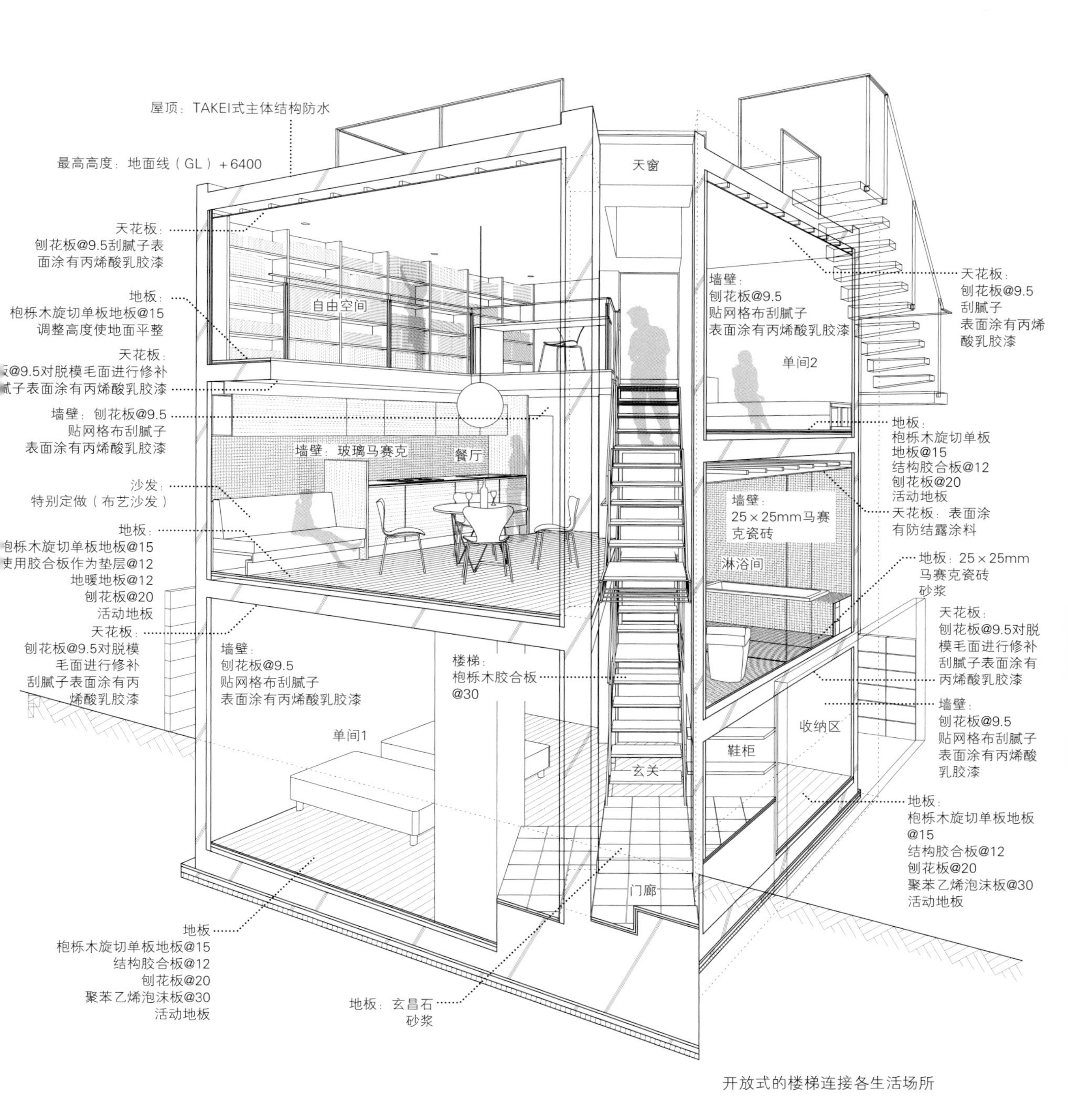

开放式的楼梯连接各生活场所

扭花栏杆柱优雅连接上下空间

四层楼高的栏杆柱

扭花栏杆柱从一楼一直延伸到四楼，中途没有截断，体现出了空间的垂直性

一般的楼梯间为了突显垂直感，常常会使用木质格栅或钢筋棍作为栏杆柱，此户住宅则将扁钢条进行扭花加工后作为栏杆柱使用，显得十分优雅。即便是平时经常使用的材料，只要稍稍进行加工，也可以变得与众不同。

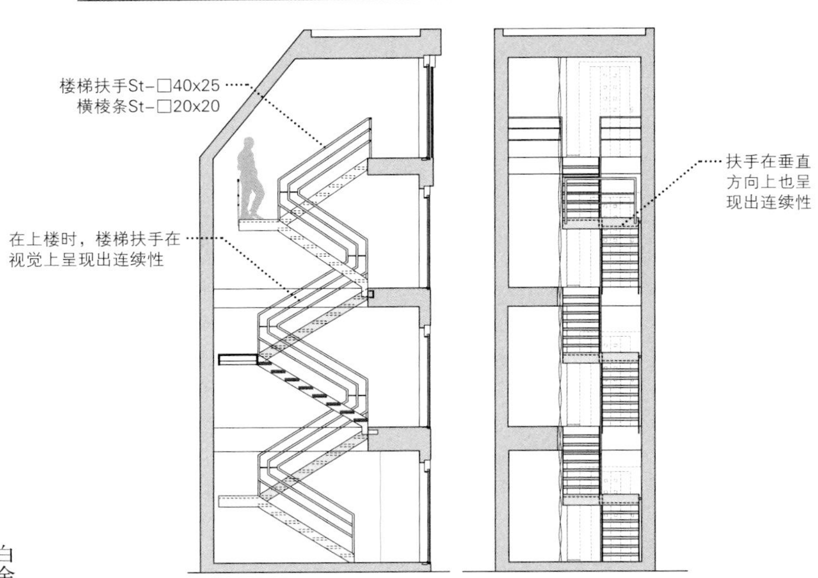

扶手与栏杆柱分别采用两种设计方式

扁钢条4t
W50@15°
50
150

栏杆柱钢条细节图

简洁美观的外伸式旋梯

设计一款简洁的旋梯看似简单，实则不易。拱肋、梯面、墙裙等建筑构件支撑着整个楼梯，如何处理它们之间的平衡十分重要。此户住宅中，设计师尽可能地使这些构件不外露出来。踏板直接从墙面伸出，为了将踏板下面的拱肋（在踏板下面起支撑作用的三角形加固材料）隐藏起来，设计师进行了特殊的设计。此外，支撑楼梯的加固构件除扶手栏杆外，还有几根圆钢柱，钢柱的另一端连接着顶棚，整个楼梯既显得轻巧，同时又不失稳固性。

看不到拱肋和梯面的旋梯

设计师在设计这款旋梯时，尽量隐藏起支撑构件，整个旋梯显得十分轻巧

感觉不到骨架存在的踏板

为了体现出无骨架的感觉，设计师用柳木板将30角钢精心包裹起来

St-O-16ϕ

扶手：St-□40x20
表面涂有油漆

护栏：钢化玻璃（t）≤10
玻璃表面贴有一层薄膜，可以防止碎裂后玻璃渣四处飞溅

扶手：St-□40x20
表面涂有油漆

栏杆柱：St-FL（t）=9
表面涂有油漆

踏板：白蜡木胶合板（t）=30，St底层

目黑的住宅3

旋梯变身精美装饰品

视线被吸入旋梯之中

此户住宅中的旋梯仿佛是一件艺术品，非常有趣。整体的比例以及扶手栏杆等设计非常吸引眼球

旋梯与挑空客厅相呼应

挑空客厅高大宽敞，室内装饰丰富多彩，与装饰性极强的旋梯产生共鸣

此旋梯连接客厅与楼上的活动室，是一个小型的次楼梯。旋梯可以最大程度地节约空间，不易出问题，只有在搬家时会比较辛苦，其余时候皆可以灵活利用。对旋梯进行一番设计，它就可以成为室内一件非常抓人眼球装饰品。此户住宅中，为了保证小孩子上下楼梯时的安全，设计师为旋梯配备了栏杆和扶手。

考虑到安全因素的楼梯设计

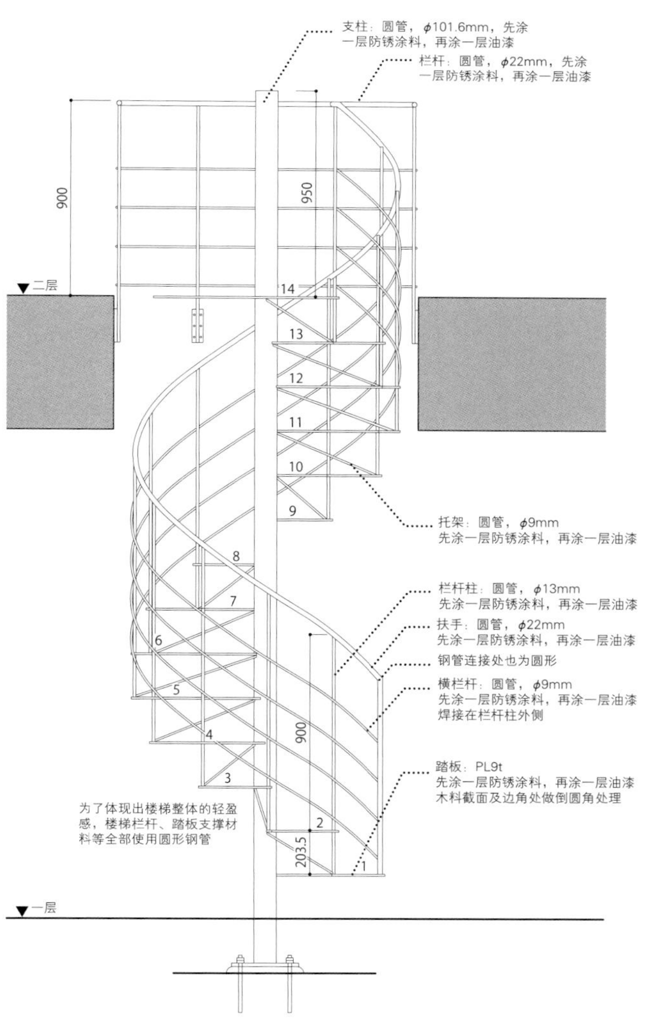

尺寸较小的次楼梯

此旋梯连接客厅与阁楼活动室，是一个小型的次楼梯。为整个家增添了一分趣味

视线『穿梯而过』

木材与钢材搭建的楼梯

钢筋材质的踏板外包裹着柳木板，给人一种柔和的印象

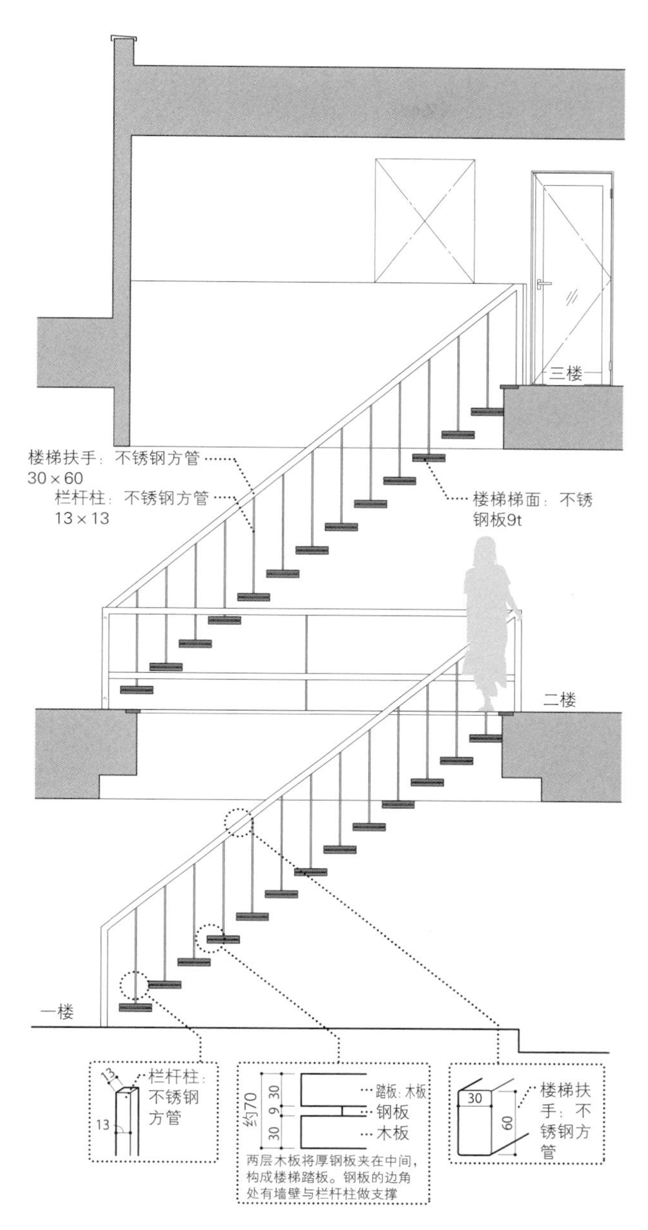

用不锈钢方管支撑起整个楼梯

住宅入口处的楼梯

视线“穿梯而过”，可以看到前面的一些小件摆设

楼梯面向走廊而建，是一处开放空间。如果这里的楼梯存在感太强，人经过时，会产生一种压迫感。因此，我们需要一种安全且存在感低、视线可以“穿梯而过”的楼梯。支撑踏板的方法有很多种，最常见的是用“梯面”支撑，但这种方法很容易使楼梯显得笨重死板。此户住宅中，扶手与栏杆柱使用的是不锈钢方管，再由不锈钢方管栏杆柱吊起踏步板，这样一来，就省去了“梯面”环节，整个楼梯显得十分清爽。

建有斜坡走廊的画廊风住宅

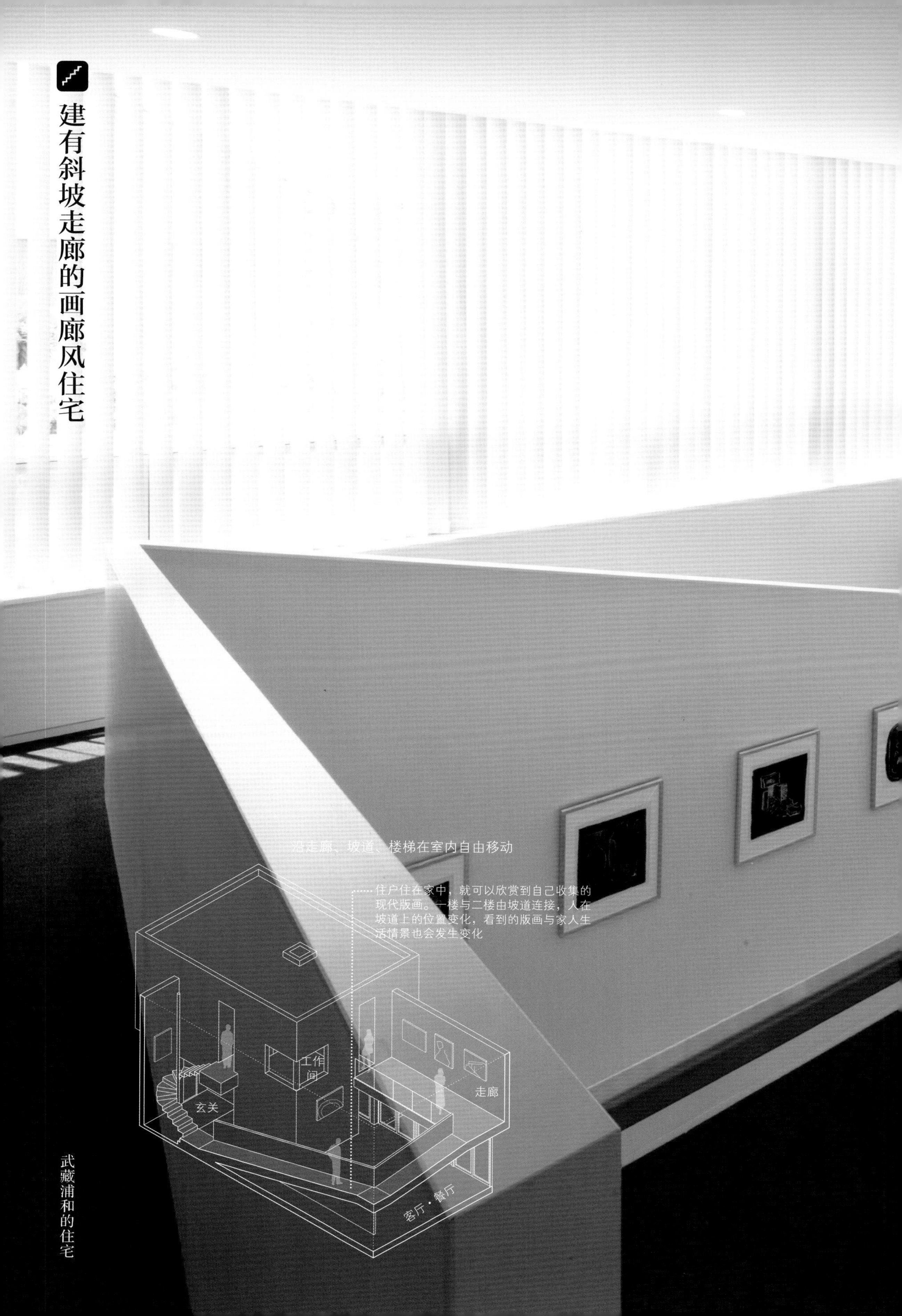

武藏浦和的住宅

很少有人家中自带斜坡，而在正常面积大小的住宅中，这种情况更加少见。此户住宅中除楼梯外，还有一处上方挑高的环形斜坡。住宅的主人是一位版画收藏爱好者，他希望自己的住宅可以兼有画廊的功能。同一幅版画，观赏者所站角度不同看到的内容就会不同，光线的照射角度不同，看到的内容也会发生变化。当时在住宅内设置斜坡，就是为了更好地欣赏这些版画，而现在，斜坡也成为家中两个孩子玩耍的地方。

与版画一同生活

住宅的主人是一位版画收藏爱好者，整栋住宅都是版画展示区。住宅中央挑高区域是客厅和餐厅

玻璃与钢铁构成的楼梯

楼梯材质令人着迷

地面的阳光透过玻璃楼梯照进地下室。设计师将钢铁与玻璃这两种质地坚硬的材料组合起来，呈现出一种不同寻常的氛围

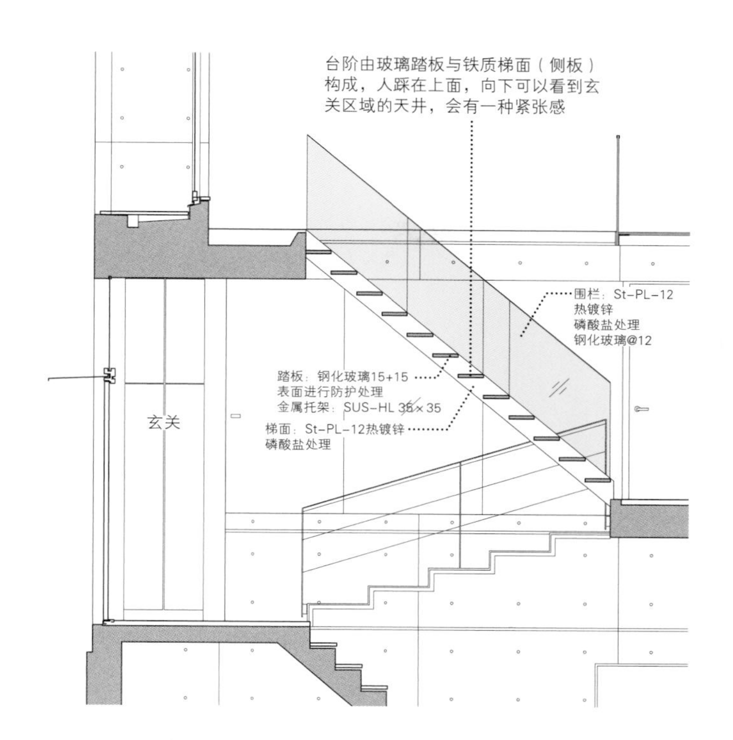

阳光通过楼梯进入地下室

室内楼梯一般都使用木质踏板，如果选用一种完全不同材质的踏板，整个楼梯就会显得不同寻常。很多时候，楼梯连接的下层空间都会有些阴暗，给人一种不健康的感觉。此户住宅中的楼梯为钢架结构，通向地下室的楼梯上半部分使用玻璃材质的踏板，方便阳光透过玻璃进入地下。使用玻璃踏板必须要充分考虑到承重以及防滑。很多人会选择将钢架涂成其他颜色，但设计师重视整体的质感，对钢架进行了电镀和磷酸处理，免于日后的保养。

承重能力强的玻璃踏板

踏板由两块钢化玻璃合在一起组成。设计师充分考虑到了承重、防滑等安全因素

空中悬梯

在玄关可以看到窗外的缤纷色彩

栏杆柱为V字形，固定在天井的墙壁上，极具设计感

仿佛从墙壁中生长出来的楼梯

设计轻巧的楼梯也是玄关的一部分。出于安全性考虑，踏板上铺有橡胶垫

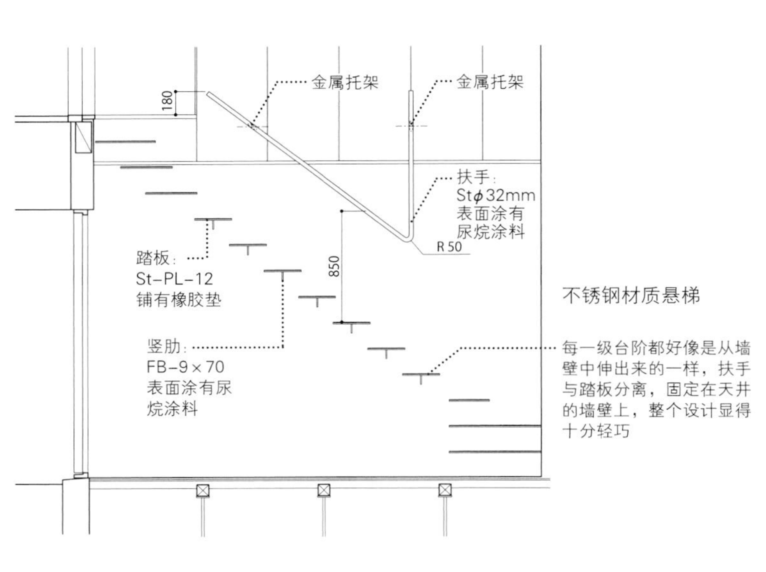

不锈钢材质悬梯

每一级台阶都好像是从墙壁中伸出来的一样，扶手与踏板分离，固定在天井的墙壁上，整个设计显得十分轻巧

理论上来讲，直上直下的楼梯最容易设计，如果楼梯有转角，转角处的踏板是三角形等不规则形状，那么设计起来就比较困难，但有时必须设计这样的转角。此户住宅楼梯的踏板只有一端固定在墙壁上，另一边悬空，保证了玄关空间面积不受损失，极力消除楼梯的存在感。这种楼梯的承重能力十分重要，墙壁中有钢架，与踏板焊接在一起。楼梯上下共有两处转角，给人一种灵动不死板的印象。此外，出于安全性考虑，踏板的棱角处皆为圆弧形设计。

永福町的住宅

08 家装·家具·收纳

精心设计家中触手可及的空间

人对一处住宅的印象可以分为两类：一是进屋瞬间感到的印象，二是在屋内停留一段时间后感到的印象。房间结构、采光方式等大方向上的因素在很大程度上决定了一个人对住宅的瞬间印象。而房间内的小装饰、小细节则在很大程度上影响一个人在屋内停留一段时间后所产生的印象。例如，家具把手的设计、长桌的质感与触感，有时还可能是关门时的声音。

两类因素都很重要，缺一不可。但站在住户角度考虑，他们长期居住在住宅中时所感受到的质感更加重要。

因此，设计师应该更加重视家具、家装等等住宅的细节部分，只有这样才能建造出受主人长久喜爱的住宅。

图 用枹栎木与石灰石装饰餐厅

柔和的色调与质感

墙壁、地板、天花板、门窗、家具等，使用的都是优质的天然材料。眼前的大餐桌可供8人同时就餐，足以应对聚会等特殊情况。照片里侧是客厅

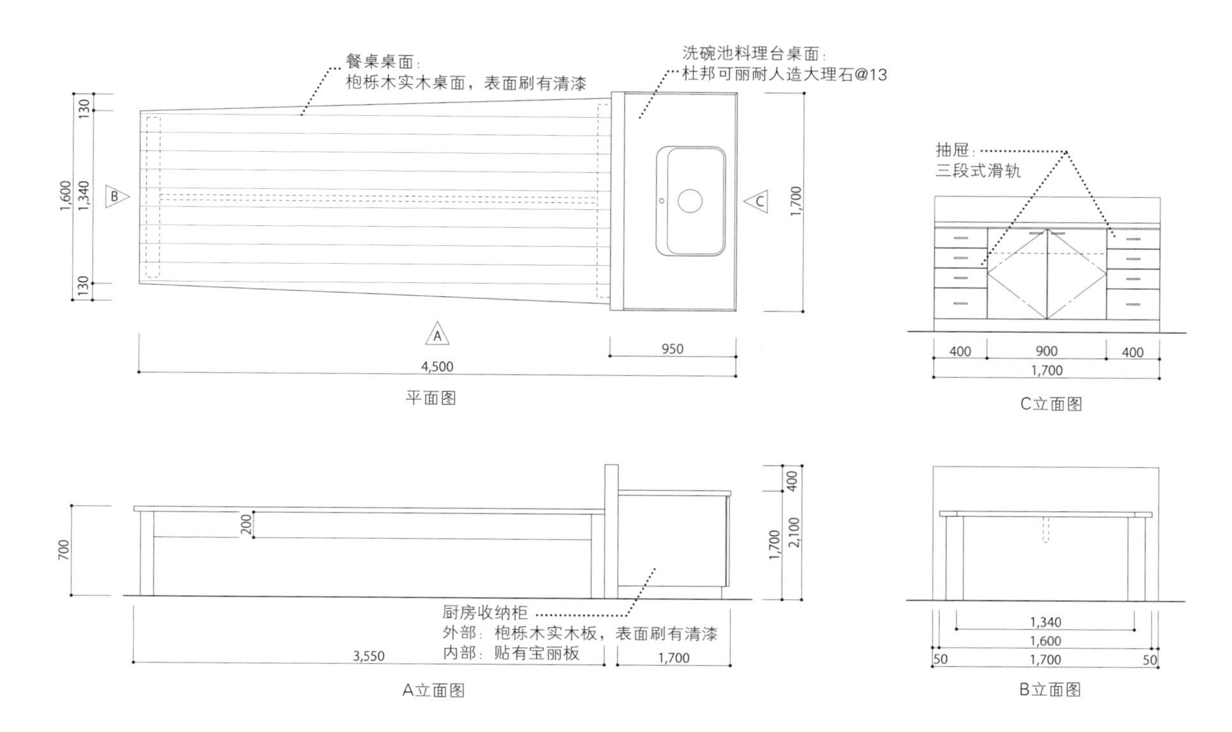

可以举办聚会的餐厅

大餐桌的一端带有洗碗池，与就餐区域中间隔了一块木板，这样一来用餐时就看不到洗碗池一侧的情况

餐厅与和室原本是一个大房间，只用一座隔扇区分开，重新改建之后变成现在的结构。住户的要求是，平时一家人可以轻松惬意地聚在这里，偶尔还可以在这里办个聚会。地板为石灰石材质，墙壁是硅藻土，天花板是枹栎木的格栅顶棚，所有装修材料均为米色系，只是浓淡不同，体现出一种层次感。顶棚的照明灯隐藏在格栅之间，不易发现，空调则嵌在了墙内。餐桌与厨房的洗碗池是一个整体，很多人聚在一起开聚会时，就可以使用这张大餐桌。

圖 大量使用纯天然材料

生活在有质感的材料包围中

整间LDK（客厅・餐厅・厨房）全部使用的是天然材料进行家装。阳光柔和地洒进屋内，呈现出细微的光影变化。照片中左手边是没有铺木地板的土间

使用“朴素”的材料建成的住宅看上去非常有品位，而且给人一种健壮感。为了建造这样的住宅，需要使用真正天然的材料。由纯天然的材料制成的建材，不含化学物质，使用寿命长，而且随着时间的推移，外表会越来越有韵味。此户住宅的整体框架为松木材质，地板为枹栎木板材，墙壁为硅藻土，天花板铺有芦苇，所有的木料表面都刷有清漆，起保护作用。此外，客厅内建有地炉，不设沙发，脚底接触的地面部分有地暖。

土间与各房间的装潢材料均体现出“朴素感”

菜园
和室
通柱：240×200
厨房
铺有枹栎木实木地板
土间走廊
土间：地面铺有芦野石石板
大厅
木地板露台
客厅・餐厅
庭院
玄关

宛如住宅骨骼一般的立柱、各个房间的地板、墙壁、天花板等都大量使用了天然材料，体现出一种自然的朴素感

圕

硅藻土墙面的和室与壁龛

充满现代气息的和室

沉静的拱形天花板、墙壁和壁龛。硅藻土的质感与现代气息的和室非常相配，阳光由圆窗照进屋内，壁龛的墙壁在地面留下一片阴影

成排的栏杆柱

楼梯的侧面也全部是木质的栏杆柱

在现代住宅中毫无违和感地插进一间和室非常困难。和室中使用的材料、材料的尺寸、颜色等很多方面都有一定的规定，很容易就会与周围西洋风格的房间脱离开。此户住宅中，无论和室、洋室（西洋风格房间），所有房间的墙壁、天花板表面都是硅藻土，体现出统一感。硅藻土与日式风格、西式风格都非常搭配，那种自然的样态令人心绪沉静。同时，硅藻土还具有调节空气湿度与除臭的作用。这户住宅中的和室与传统形式稍有不同，为了与其他房间相配合，设计师舍弃了位于梁柱之间的横木板条，天花板也没有按照传统形式建造。

前桥的住宅

住宅内外彰显木材存在感

木质椽子引人注目
中庭的阳光洒在椽子上，非常漂亮，吸引人进入室内

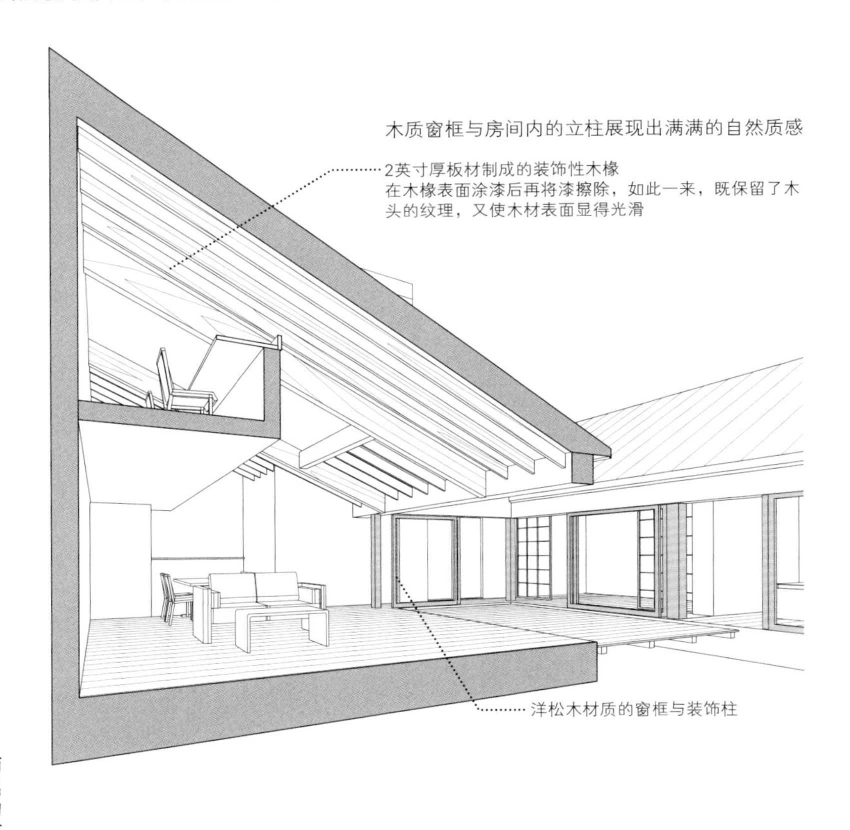

如果室内有木质房梁、木质圆柱等大型建筑构件出现，我们很难将其涂装得自然、美观。与木地板、木窗框不同，木质大型建筑构件的木材价格比较便宜，表面粗糙、有节，如果不进行涂装，会显得非常不美观。以此户住宅为例，设计师首先将房梁等大型木质建筑构件涂成与墙壁接近的颜色，在漆干燥之前，再将其擦去。如此一来，既保留了木头的纹理，又使得木节等变得不易发现，表面也变得比较光滑，与整个房间的家装非常搭配。

菊名的住宅

图 古朴的颜色与木材的纹理

住户希望可以在屋内安装他们自己的枝型吊灯。但由于经费限制，室内的装潢风格不能走和枝形吊灯相同的豪华风。因此，设计师决定走完全相反的方向，室内装潢为极简风，使得枝形吊灯异常醒目。地板、墙壁、天花板全部使用松木胶合板装潢，表面涂刷深色油性着色剂。如此一来可以突显木材本身的花纹，略带古典韵味。设计师专门为枝型吊灯定做了刷有黑漆的钢架支柱，支柱上安装有辅助照明灯。

内部装潢突显枝形吊灯的存在
建筑物整体的深色基调与古典风格的家具形成完美搭配

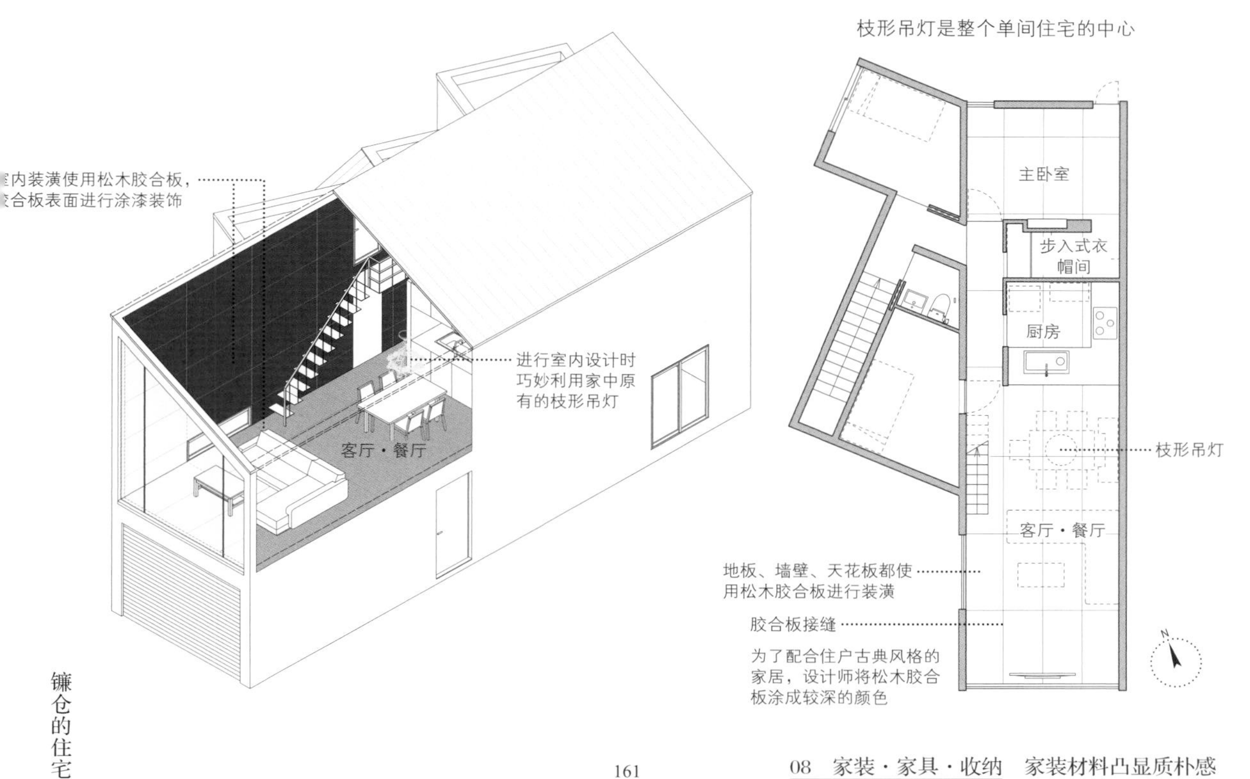

枝形吊灯是整个单间住宅的中心

镰仓的住宅

阳光透过帐篷式屋顶倾泻而下

客厅和餐厅上方为帐篷式屋顶屋顶的材质与东京巨蛋所用的膜的材质基本相同

帐篷式屋顶的结构

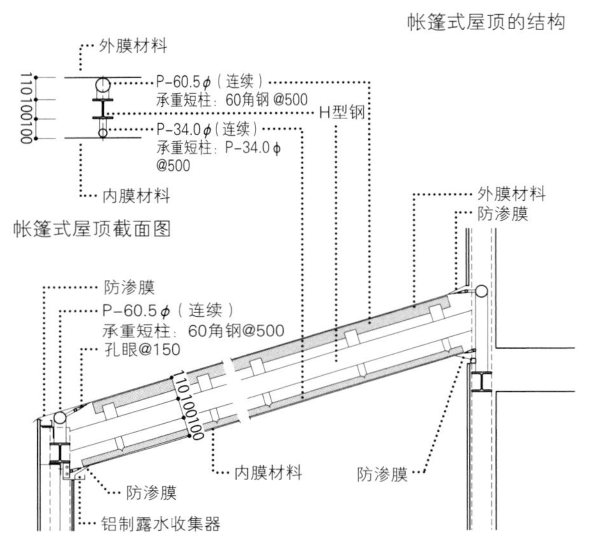

该住宅位于湘南地区，设计师在抬头仰望湘南明亮的天空时，萌发了将这份明亮引进住宅内的想法，于是选择了帐篷式屋顶。阳光透过屋顶发生散射，使得室内的亮度达到刚好的程度，人坐在屋内，就能感受到室外的气候变化。此外，帐篷式屋顶为双层结构，里面还有一层钢架，可以隔热和防止结露。冰雹砸在屋顶上会发出较大的声音，人在室内还可以感受到阳光的移动轨迹。帐篷式屋顶教会我们在感受自然变化中享受生活的乐趣。

圖 阳光透过玻璃地板到达楼下

将阳光引入书房

一楼为客厅，客厅右侧推拉门内就是书房。阳光可以透过房顶的高侧窗进入书房内

书房的玻璃天花板

二楼玻璃地板就是一楼书房的天花板，玻璃地板的尽头是单间的房门。人在一楼也可以感知到家人的动向

位于住宅中心的高侧窗

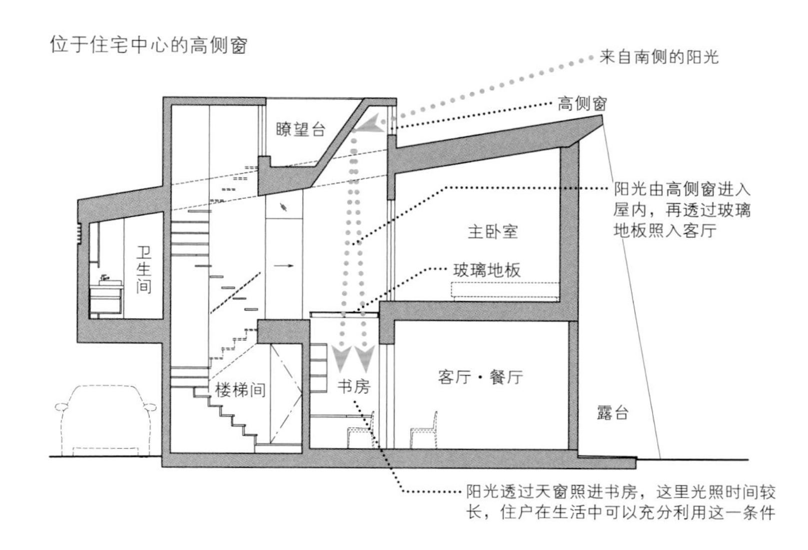

有些房间照不到阳光，如果将其作为储藏室使用就没有问题，如果用来住人就不太合适，在屋子里没办法感知室外的情况多少令人感到寂寞。此户住宅中，书房位于整个家的中心位置，没有办法建窗户，于是设计师利用楼上的地板，将阳光引入书房内。二楼大厅的地板有一部分是钢化玻璃材质，阳光由房顶的高侧窗进入室内，再透过玻璃地板进入书房。另外，玻璃地板还紧挨着单间的房门，人在一楼时也可以了解二楼家人的动向，整个家紧密联系在一起。

仿佛观景台一样的住宅

精致的木料内装

窗边的长桌与可以全部打开的玻璃窗。这些设计都是为了方便住户观赏窗外景色

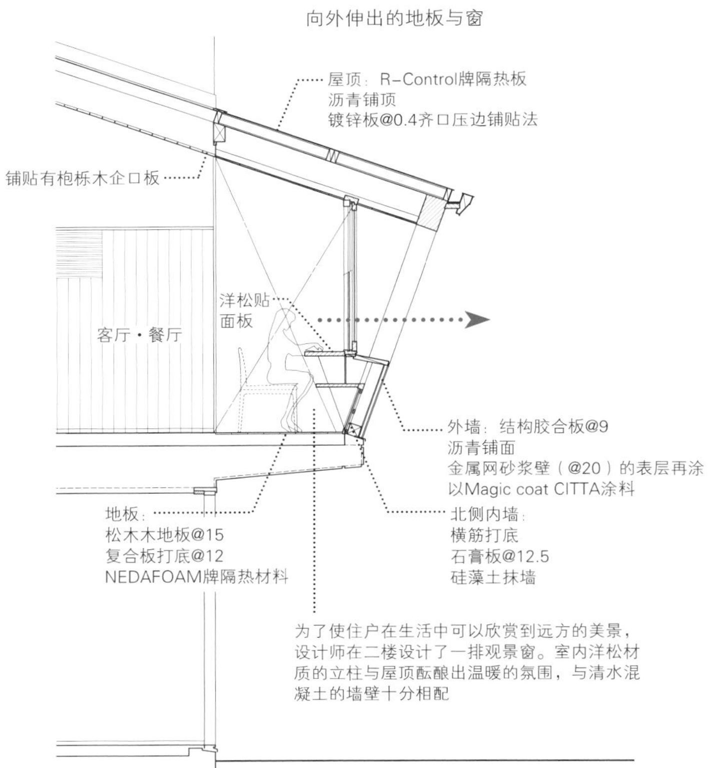

为了使住户在生活中可以欣赏到远方的美景，设计师在二楼设计了一排观景窗。室内洋松材质的立柱与屋顶酝酿出温暖的氛围，与清水混凝土的墙壁十分相配

想要在室内观赏到窗外美景，只满足大玻璃窗这一个条件是远远不够的。重要的是窗户大小要适当，从窗户向外看到的风景要美得像画一样。以此户住宅为例，从住宅所在地远望刚好可以看到叶山，且角度极佳，透过住宅的玻璃窗可以看到江之岛、富士山等景物。推拉窗窗框为木质，窗户可以全部打开，夜晚时一样可以欣赏户外夜景，不用担心室内灯光投映在窗玻璃上影响观景效果。

图 挑高设计的榻榻米檐廊

此户住宅是盒状的单间户型。一楼为架空空间，可以作为车库使用，四根钢筋混凝土圆柱支撑着楼上的钢架结构立方体。住户要求住宅的采光条件要好，因此设计师在房屋朝向马路的一侧设计了一排大玻璃窗。玻璃窗旁为檐廊，檐廊上方为挑高设计，阳光可以照进家中的每一个角落，楼下的客厅与楼上的单间之间也因此呈现出一体感。檐廊地面铺有榻榻米，是一处可以放松身心的空间。

铺有榻榻米的明亮檐廊

檐廊紧邻大玻璃窗，上方为挑高设计，是一处自然、舒适的空间

位于四方盒子内的大单间

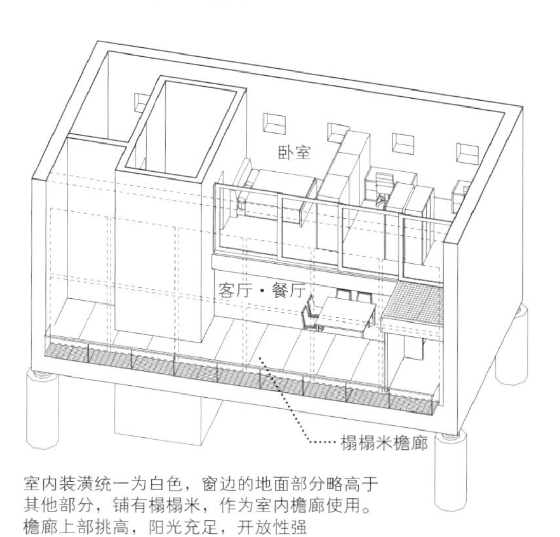

室内装潢统一为白色，窗边的地面部分略高于其他部分，铺有榻榻米，作为室内檐廊使用。檐廊上部挑高，阳光充足，开放性强

宇都宫的住宅

图 V形屋顶与充满趣味的室内装潢

房屋的中央摆放着家具，周围是窗户

住宅的屋顶为V形，屋顶下的天井为山谷形，窗户为三角形，充满新鲜感。中间的家具固定在地面上，无法移动

为保证采光与通风而设计的V形屋顶

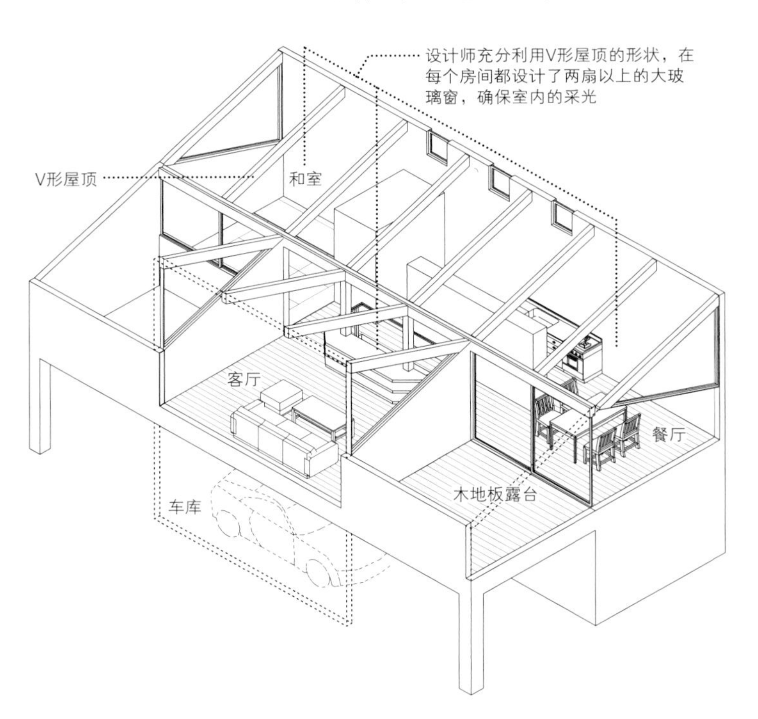

此户住宅的屋顶中间较低，越接近边缘反而越高，和一般住宅屋顶的形状正相反。这样的设计是为了使自然风与阳光从周围建筑物屋顶较高的部分流向这里，确保室内通风与采光条件。室内客厅、餐厅、厨房空间也因此得以相互分离，独立性增强。此外，房屋中央有电视柜，固定在地面上，无法移动，周围有玻璃窗。这个家的室内装潢与一般的住宅正相反，充满新鲜感。

圆 混凝土墙面搭配木质装潢

某种意义上来说，混凝土与木材都属于天然材料。混凝土的确是人类加工制作出的产品，但它的制作原料几乎全是自然界中本就存在的物质，木材就更不用说了。二者都具有材料原本的颜色与质感。设计师在进行室内装潢时，会将各材料原本的特点进行一番组合，常常取得极佳的效果。木材与混凝土的组合就是一例，要求手感好、隔热效果佳的部分使用木料装潢，没有这些要求的部分直接就使用混凝土墙面。使用这种装潢方法，既节约成本，又可以营造出温暖的氛围。

给人以柔和印象的玄关

此户住宅无论是整体外形还是室内各房间都是立方体形状，只有玄关为圆形结构。玄关既是室内与室外的分界线，也是一处整理心情的场所

客厅的墙壁上铺有胶合板

餐厅的墙面为混凝土材质，客厅的墙面则为胶合板材质，起到很好地转换心情的效果。此户住宅为低成本高品质的钢筋混凝土结构住宅

客厅上方是充满生气的挑空空间

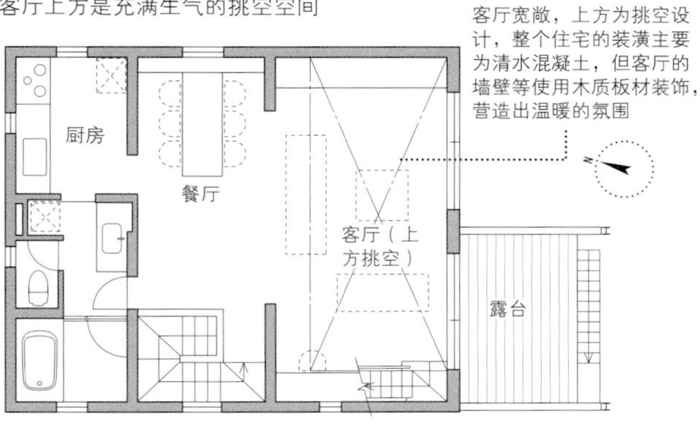

客厅宽敞，上方为挑空设计，整个住宅的装潢主要为清水混凝土，但客厅的墙壁等使用木质板材装饰，营造出温暖的氛围

浦和的住宅

圖 开放式客餐厅内的大型装饰梁

使房屋显得更为修长

房梁沿着房屋跨度较长的方向架设。厨房为开放型厨房

沿房屋跨度较长的方向架设房梁

装饰梁
此处为木质结构，为了确保能够开大玻璃窗，设计师使用了截面较大的胶合板

客厅・餐厅
主卧室
走廊
卫生间

一般情况下，房梁多沿着房屋跨度较短的方向架设，但此户住宅则恰好相反，是沿着房屋跨度较长的方向架设房梁，突显了房间整体的修长感。各房梁大小相等，间距相同，利用此结构，设计师可以在南侧墙上设计没有立柱支撑的大玻璃窗，既保证了采光条件，又可以看到窗外美景。且北侧墙上有细长的玻璃窗，同样没有立柱支撑，阳光与自然风可以由此进入室内。厨房也为完全开放的形式，没有吊顶等构件。

更加开放的二楼客厅

与一楼相比，二楼的房梁更大，因此整面墙都可以建为玻璃窗，也不用依靠柱子作为支撑

木质窗框提升住宅舒适感

温暖的住宅

照片中的空间位于整栋住宅的中心位置，四周的木质窗框营造出温暖的氛围。也可以为推拉窗安装金属构件，提高密封性（由上至下分别为菊名的住宅、吉祥寺的住宅）

木料的质感与分量感

室内的木质窗框、地板、立柱等都是木材的颜色，整体装潢风格非常统一。窗框木料为洋松木，表面涂有清漆（八柱的住宅）

木质窗框的优点就在于非常的自由。由于所有的木质窗框都是特别定做的，因此它的尺寸、形状都可以根据住户的喜好制定。住户可以根据不同的生活场景做出不同的选择，可以将窗框嵌入墙内，也可以为推拉窗加一个金属网或窗帘。严格说来，比起铝合金窗框，木质窗框的密封性可能略差，还必须进行维修保养防止老化，但触感极佳，不易结露，住户还可以体验开窗、关窗的乐趣。

八柱的住宅·菊名的住宅·吉祥寺的住宅2

营造开放的细长型门厅

由于建房用地形状限制，门厅只能设计为前窄后宽的形状，为了在这样的条件下营造出开放感，设计师将玄关门厅的上部做了挑空处理。玄关里侧的顶棚上有一个圆形的天窗，天窗下悬着一盏吊灯，仿佛在邀请人进入室内。此外，为了保证在这里摆放家具后，不会产生违和感，显得更加宽敞，设计师取消了玄关与门厅之间的地面高度差，使其处在同一个平面上。一般情况下，住宅的玄关分为土间和门厅两部分，人在玄关脱鞋后，光着脚走进门厅。设计师打破了这一定规，使玄关展现出与众不同的一面。

祖师谷大藏的住宅

紧凑与开放并存

一打开房门，就可以看到高高的顶棚，阳光透过高侧窗洒在地板上，访客看到这样的景象也会感到一丝惊讶

受地形限制的临街玄关

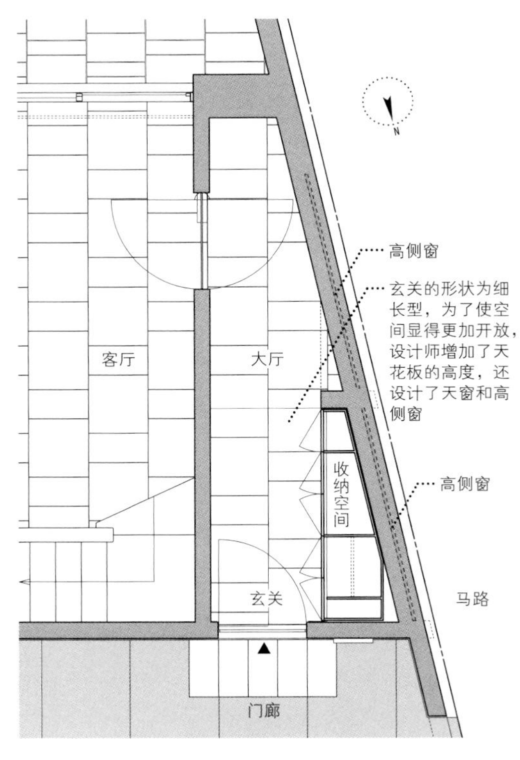

圆 造型独特的卫生间

天花板也能充满趣味

卫生间内的灯光投在客厅的天花板上，将天花板变得更加漂亮、有趣

此户住宅为大开间户型，客厅和餐厅区域面积较大，卫生间就设在此区域内。设计师在宽敞的客厅和餐厅区域内，建了一个像小房子一样的圆形卫生间，这样既可以利用天花板的高度优势，又不会损坏房屋的木质结构。卫生间的位置看似随意，其实它还承担着隔断餐厅与琴房两处空间的作用。卫生间的顶棚为丙烯酸板材质，打开卫生间灯后，灯光照亮天花板，表明卫生间正处于使用状态。此外，换气系统位于地板下，将室内空气排到室外。

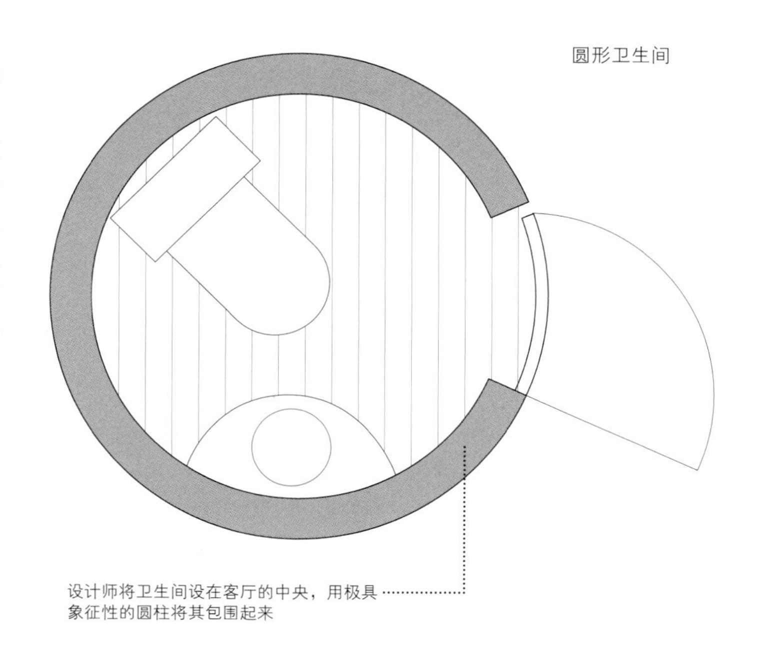

大泉学院的住宅

可以增大客厅面积的家具设计

靠墙摆放的曲线沙发营造宽松氛围
曲线沙发可以确保人与人在进行交流时保持适当的距离。墙壁与顶棚材质为硅藻土，家具材质为竹质胶合板，各种材料手感不同，非常有趣

上池台的住宅

当客厅面积不是特别大时，可以沿墙壁走向摆放沙发。商场中直接购买来的沙发常常无法贴合墙壁形状，因此此户住宅的沙发是特别定制的。曲线的形状也丰富了我们利用沙发的方式。此外，设计师还对家中的桌子进行了改造，使其与沙发配套。此户住宅为混凝土材质，附带阳台，一楼支撑着楼上的结构，室内全部重新装潢，旧房屋焕发出新的生命力。

对住宅进行重新装潢（含家具在内）

重装前

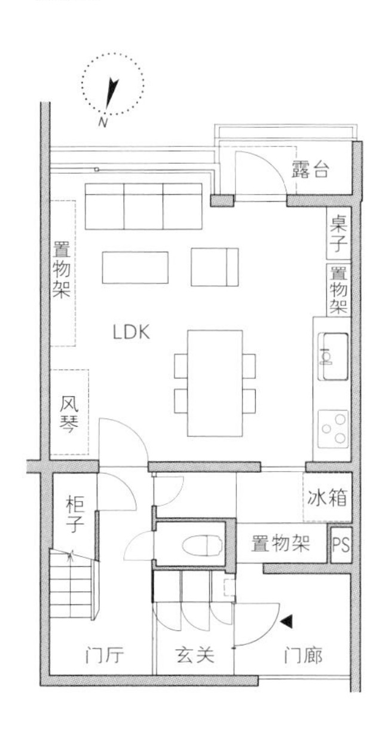

重装后

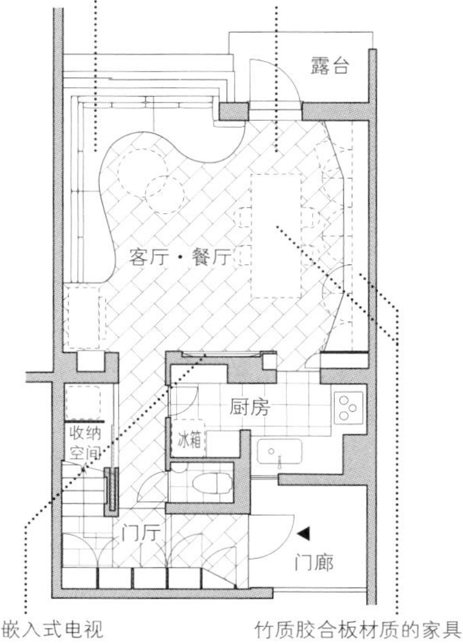

家具设计凸显住宅特征

家具表面也是斜线纹路

屋内地板与墙壁表面花纹是倾斜的，为了搭配这一点，椅子、桌子等家具也进行了特别的设计。室内装潢整体展现出一种动感

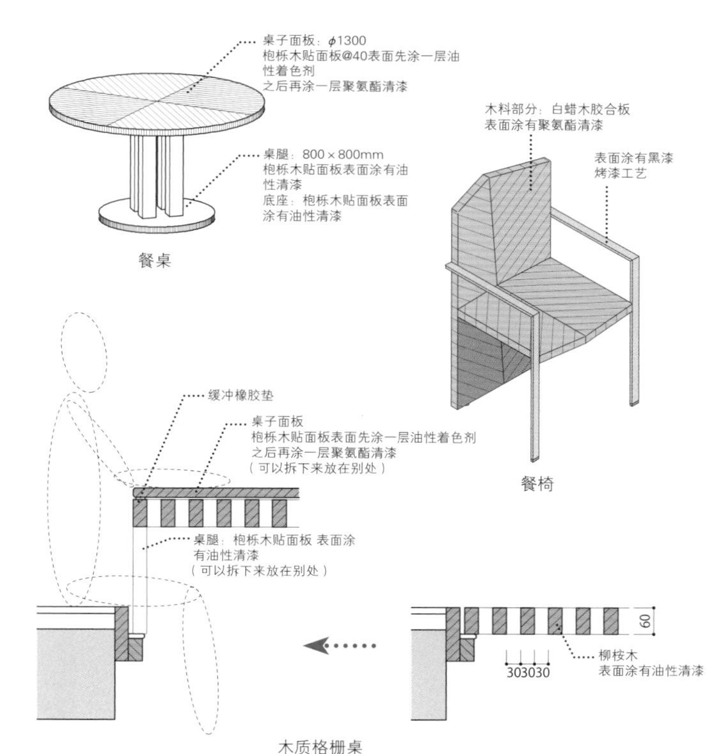

执着于自然质感的木质家具

此户住宅地板与墙壁表面的护墙板都是斜着贴的，表现出一种向上的动感。餐厅内桌椅等家具的设计也采用了相同的概念，板材的木纹组合在一起，家具既不呆板，又体现出一种厚重感。家具木料部分虽然是胶合板，但也都是精心挑选的实木材料，所有的铁质构件表面都涂成黑色。地板上嵌有一处圆形格栅，是地下室的通风口与采光口，也可以将格栅的腿固定在地面上，当作地炉使用。

图

附带收纳功能的简约风格玄关

多功能便利收纳区

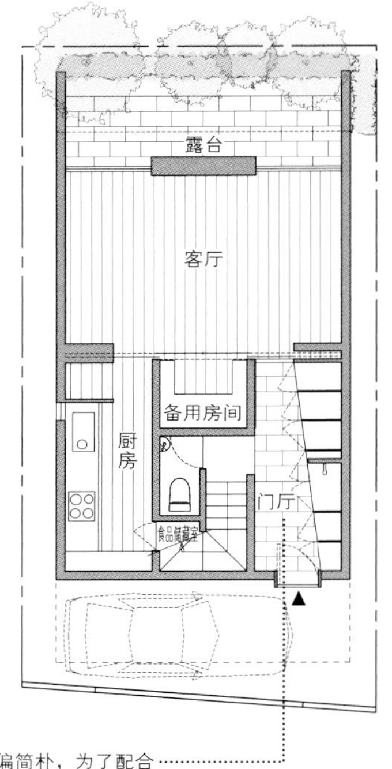

住宅整体风格偏简朴，为了配合这一特点，设计师将玄关也设计为简约风格，集收纳、照明等功能于一体

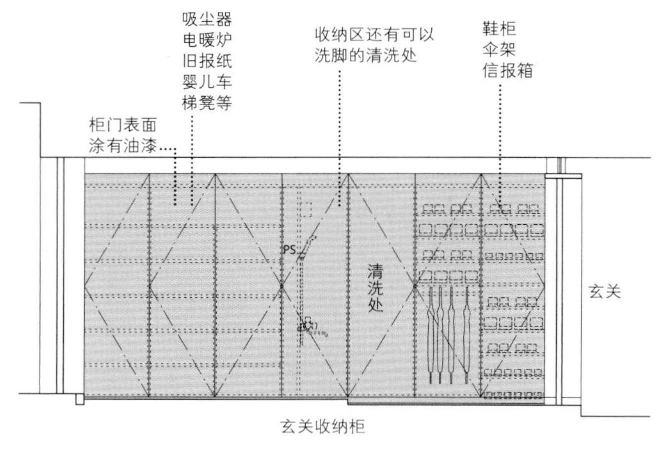

玄关收纳柜

集多种功能于一身的门厅

照片中右侧墙壁的后面是一处多功能空间。门关起后显得非常简约

进入一栋住宅，最先到达的场所就是玄关，因此大家都会希望自家的玄关整洁有序。我们可能会出于收拾整理的目的在玄关设计收纳柜，其实，玄关处原本就需要设置一定数量的收纳柜。我们仔细回想就会发现，很多情况下，一些物件放在玄关会比较方便。在此户住宅中，玄关的一侧设有梯形的收纳区域，各柜门之间的距离相等。此外，玄关处还安装有一些简洁的壁灯，可以照亮收纳区域的上半部分。收纳区域进深较深，具备多种功能。

蒲郡的住宅

圖

建在厨房顶棚上的收纳阁楼

厨房仿佛是家中的一件家具

房屋天花板和厨房顶棚之间有一定距离，可以作为收纳阁楼使用。箱型的台阶也具有储物功能

带阁楼的箱形小屋

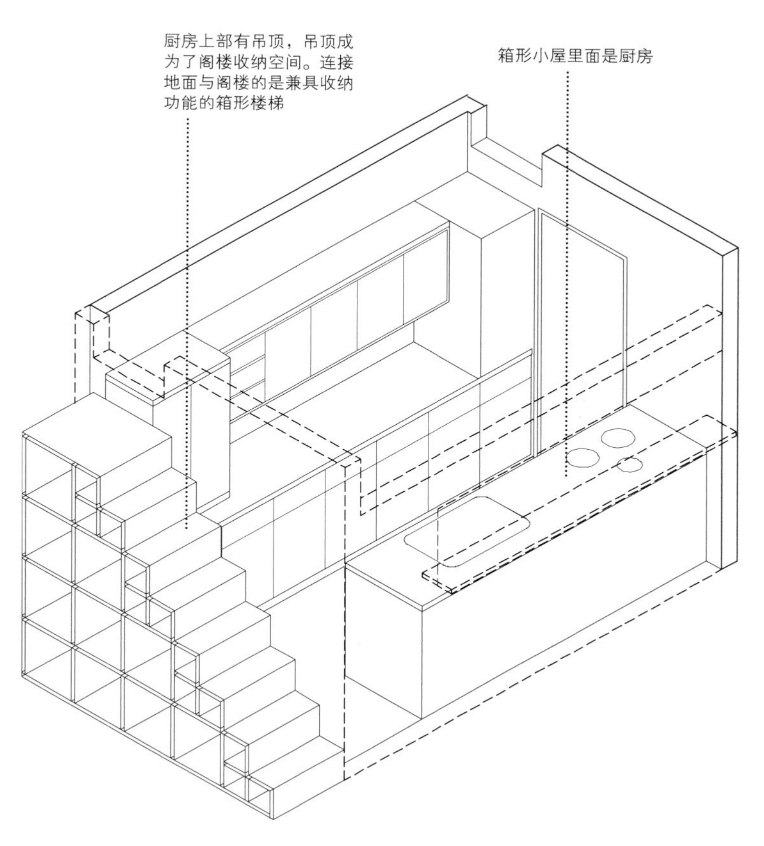

当建筑用地面积较小时，我们可以在确保天花板高度的前提下，加入阁楼的设计，阁楼既不占用建筑面积，还能够有效地增加使用面积。以此户住宅为例，设计师提升了房屋整体天花板的高度，并且将厨房设置在屋子的中央，看上去就像是摆放了一件大型家具。厨房吊顶与房顶之间的空间可以作为收纳空间使用。设计师还制作了一件楼梯形的家具放在厨房的侧面，方便爬上阁楼。这种大房屋套小房屋的结构，既生动又有趣，还可以有效扩展房屋的使用面积。

沼袋FUKU

图

开放厨房内的收纳柜

有时候，我们会不希望厨房里的某些东西被别人看到。以此户住宅为例，设计师将开放厨房设计为小岛的形状，厨房背面有大推拉门，可以隐藏各种各样的物品。推拉门后面有冰箱、餐具架、电话等，一般情况下推拉门是打开的，必要时可以立即关闭。另外，整体厨房的价格较贵，这种设计方案可以减少一些不必要的家具，减少造价。

推拉门使厨房后面显得更加清爽

推拉门将放置许多物品的架子、冰箱等都隐藏起来，解决了开放厨房内的收纳问题

阻挡来自客厅、餐厅的视线

开放性厨房的后方为收纳区，可以收纳厨房的日用品，带有三扇推拉门，门关闭后可以将收纳区完全隐藏起来

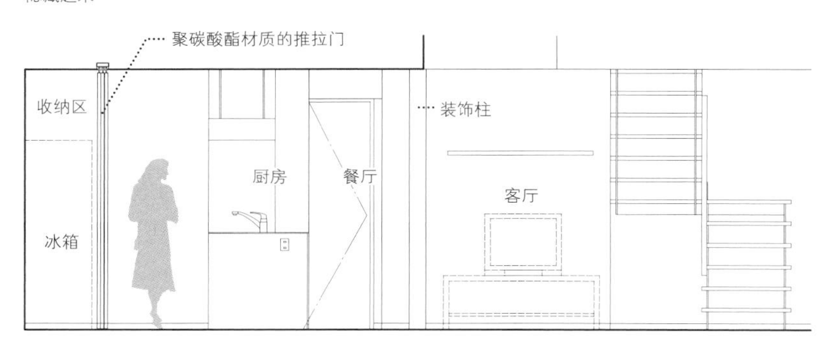

南阿佐谷的住宅

图

隐身在墙壁中的房门

卫生间门 走廊一侧

CH=2,100 门的尺寸

3

3

540

50

90

1,050

正面：贴有木纹胶带

把手内侧：贴有木纹胶带

门：枹栎木贴面板 表面涂有荏子油（与周围墙壁的处理方法相同）

卫生间门 内侧

B.S 51

旋钮锁

DH-752（KAWAJUN牌）

1,200

1,050

门：枹栎木贴面板 表面涂有荏子油（与周围墙壁的处理方法相同）

隐藏式设计

上部为书架

画室

收纳区

卫生间

收纳柜

客厅・餐厅

木地板露台

卫生间与收纳柜的门使用的是枹栎木贴面板，和周围的墙壁处于一个平面，使门的形状并不显眼

朝向客厅的墙壁

实际上，收纳屋与卫生间的房门也隐藏在墙壁中，不易发现

卫生间房门的把手

卫生间的把手为凹进去的一小块，从门外看并不明显

乍一看上去，这只是一面普通的护墙板材质的墙壁，然而实际上，这里面还藏着卫生间和收纳间的房门。两间房门的宽度与板材的宽度相同，木纹也较为接近。板材与板材之间的缝隙宽度都保持一致，设计师绞尽脑汁将表面的金属构件隐藏起来。卫生间房门上有一个凹进去的小把手。设计分为隐形设计与显形设计，隐形设计往往看上去简单，实则难度不小。

图 椤木板材随机排列装饰壁柜推拉门

客厅内的装饰墙

收纳柜为双滑门设计，门上贴有椤木板材，板材厚度不同，间隔不一，在门面上产生美丽的阴影，将空间连在一起

细微处彰显生活趣味

壁柜内除收纳空间外，还设有吧台，可供多人在家中聚会时使用

客厅内设有一个大的壁柜。房屋面积较大，如果壁柜门较小，看上去会显得非常不协调，因此设计师将整面墙都设计为壁柜门，乍一看上去很难发现背后隐藏着收纳空间。壁柜门为推拉式，金属构件采用特殊设计，门关闭时整个柜门表面融为一体，仿佛一整面墙壁。柜门表面装饰有随机排列的椤木板材，在视觉上体现出密度感，同时在开关门时还可以作为把手使用。壁柜里有一部分是吧台，需要时可以用来招待客人。

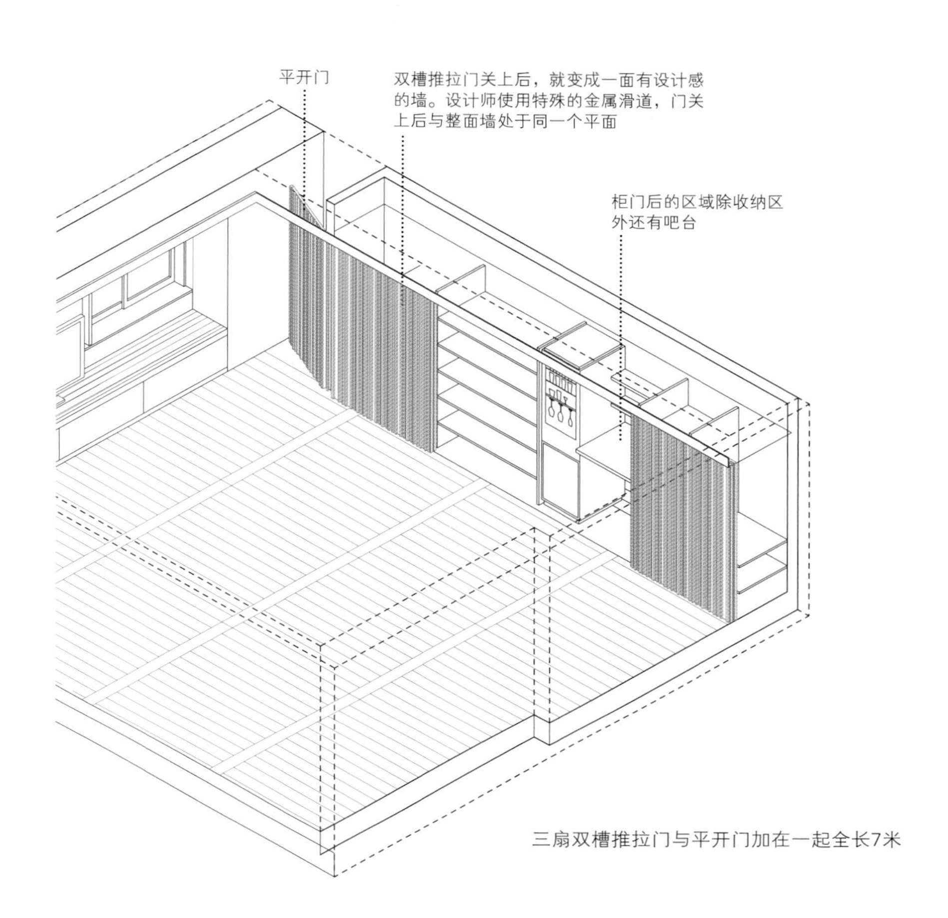

仿佛墙壁一般的推拉门

推拉门的金属构件采用特殊设计，当门关闭时，整个柜门表面融为一体，仿佛一整面墙壁

竖条梣木板材的排列设计

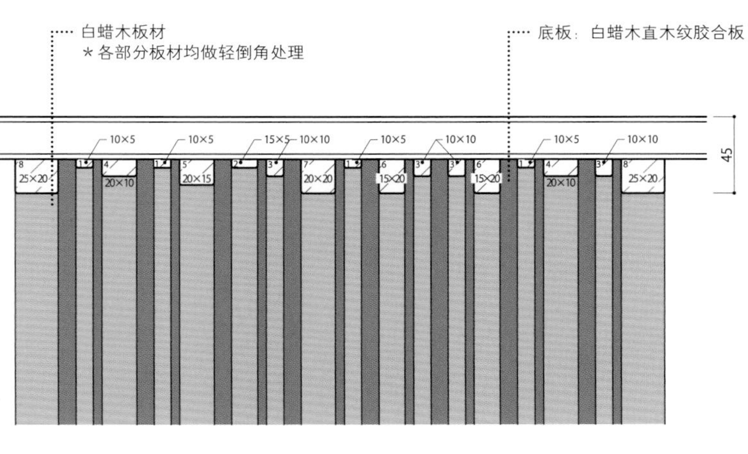

图 附带楼梯的墙面收纳柜

楼梯侧面是一面墙壁，设计师在墙表面设计了一个收纳架。每个垂直方向的隔板间距离相等，隔板上有沟槽，可以按照住户自己的喜好安装搁板。收纳架还附带数个与搁板配套的柜门，可以随意选择在哪一格收纳柜安装柜门。在紧靠楼梯的墙面安装收纳架时，由于台阶会约束手能够到的范围，因此常常会不方便使用。但此户住宅中，设计师利用可移动搁板的概念，使得整面墙都可以变成收纳的空间。

可以自由移动搁板的置物架

纵向隔板上每隔323mm制作一个沟槽
可移动柜门：杉木单板层积材@25 OF
中竖框木材：杉木特一等OF
可移动搁板：杉木单板层积材@25 OF
扶手：StFB-12×44 铁质，黑漆，抛光
楼梯踏板：枹栎胶合板@40 OF
防止掉落（两层链设置有不锈钢链条
楼梯梯面：St FB-22×120 铁质，黑漆，抛光
二层
一层
5,100
3,050
850
190.6
702
260 30
120
5,275
5,460
紧邻楼梯一侧的墙面全部改造为可移动式收纳架
部分收纳架带有柜门，可以将架子上摆的物品隐藏起来

收纳架延伸到楼梯上方的挑空部分

杉木单板层积材搭建的墙面收纳柜。搁板的位置可以自由移动。收纳架的高与宽均超过5米

可移动置物架的结构

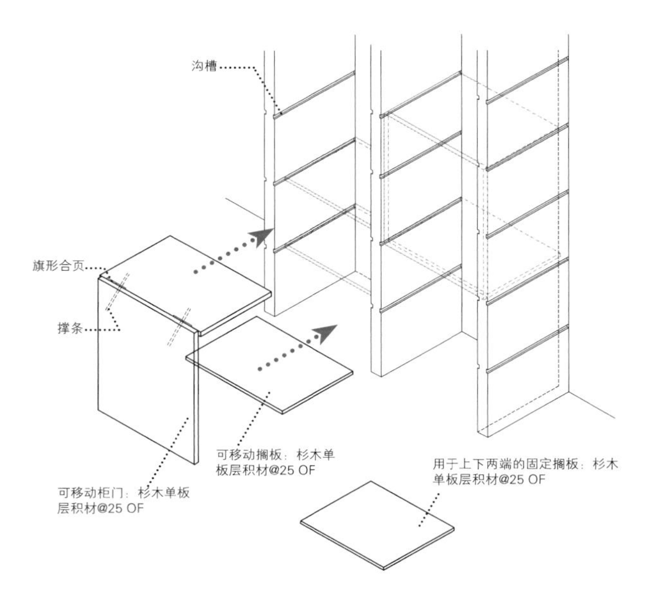

带柜门的可移动搁板

一些收纳柜带有柜门，关闭后看不到柜中内容（上图）。柜门与搁板之间有合叶与撑条连接，可以向上打开（下图）

图 隐藏式楼梯收纳柜

收纳柜柜门的上部与下部

接缝宽度5
踢板
踏板
35
接缝宽度5
25
收纳柜
柜门

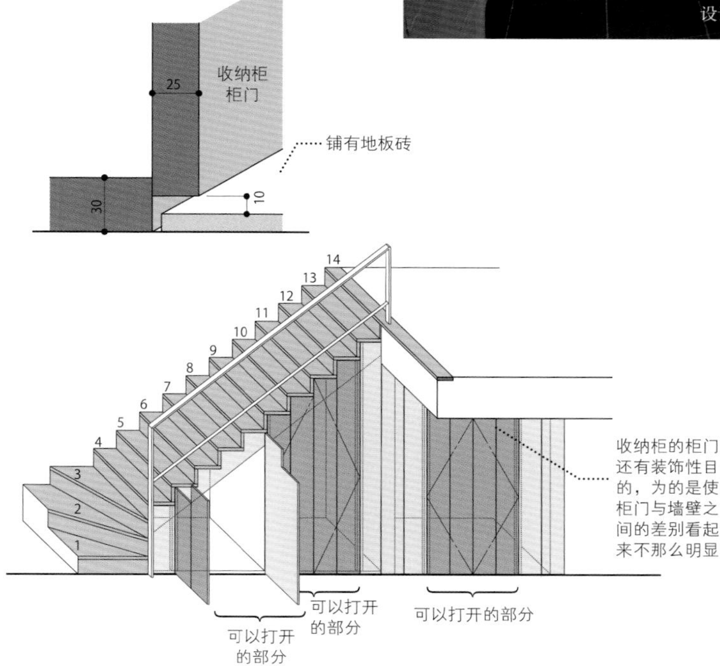

按照各层台阶形状修建的收纳柜门

台阶下方部分为收纳柜，柜门看上去就像是墙面一样。门把手、金属件、接缝的宽度都经过精细设计，不易发现

楼梯位于玄关一侧，为了有效利用台阶下方的空间，设计师将其全部作为收纳柜使用。所有的柜门都可以全部打开，设计师希望使收纳柜的柜门看上去像护墙板，与整体装潢融为一体，因此按照每一层台阶的宽度设计柜门，并且尽量隐藏门把手和金属件。收纳柜内部较高的空间可以挂衣服等大件物品，中间部分可以放鞋子和雨伞，较低的部分可以存放吸尘器等，住户可以根据各个空间的实际情况划分隔断或安装金属构件，整体来说，收纳空间较大。

圖 带有高耸标志物的住宅

此户住宅建在丘陵地带，为了满足住户“希望看到远处风景”的要求，设计师设计了一座塔楼。塔楼的一楼是玄关，二楼是衣帽间，有九个正方形的玻璃窗，室内一侧的窗玻璃被涂成黄色，夜晚开灯后，颜色会显得非常特别。衣帽间内设有梯形楼梯，沿楼梯向上可以到达塔楼的上面部分，在那里可以很清楚地看到读卖乐园内燃放的烟花。客人初次来访时，主人可以简单介绍自家的特点，“我们家有一座塔楼”这样的介绍语听起来特别时髦。我们都希望自己的家能够拥有有趣的一面。

塔楼的二楼为衣帽间

塔楼是这栋住宅的标志性建筑，在楼上可以望到远方的风景。二楼是步入式衣帽间，约有3.3平方米大小

带有塔楼的天井式住宅

塔楼是这栋住宅的标志性组成部分。塔楼的一楼部分是玄关，二楼部分是步入式衣帽间，天花板较高

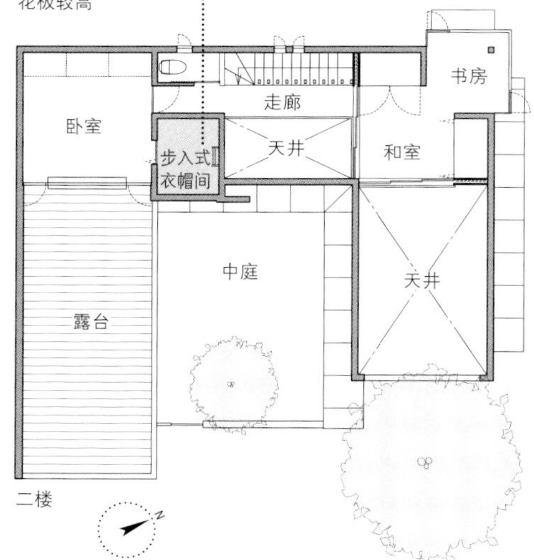

稻田堤的住宅

09 多代住宅

重视各代人之间的距离感

同一栋住宅中，有时会居住着两代人甚至三代人，这种情况在土地资源紧缺的城市地区更为常见。

虽说住在一起的都是自己的骨肉血亲，可即使关系再亲近，作息时间也不会相同，价值观等也必然会存在差异。为了彼此都可以没有压力地生活，最重要的就是各代间保持一定的“距离”。关于如何把握“距离”的尺度，要具体问题具体分析，根据家庭关系、住户性格等因素进行设定。正确答案不会一开始就出现，也就是说，刚开始进行设计时，存在着无数种答案。

家人间的关系非常微妙，设计师应该认真解读这一部分，并将其灵活运用到自己的设计中，这一点十分重要。

各代居住区既相互独立又彼此相对

此户住宅的设计理念为“双生之家”。两栋房屋相对而建，面积上虽然多少存在差异，但结构相似，都是“田”字形结构，门窗、屋顶的建造手法也都相同。卫生间和户外的露台将两栋房屋连接起来，这里是全家人共同使用的空间。两栋房屋中间是中庭，庭院内种有标志树，这样的设计既确保了两栋房屋间保有一定的距离，同时还可以避免邻居看到庭院内的景象，较好地保护了家庭生活的隐私。

亲子两代人各有一间客厅

照片中靠前的房间为子女一代的客厅，对面为父母一代的客厅。中庭为全家共用的空间，庭院内树木郁郁葱葱（左图）。中庭的植物同时也是门前过道的植物（下图）

两栋房屋仿佛一对双胞胎

临街的房屋为父母一代居住，里侧体积大一圈的房屋为子女一代居住

两代人的房屋均为“田”字形结构

子女一代　共用部分　父母一代

衣帽间　阳台　储藏室　卧室　走廊　卧室　儿童房　天井

二楼

子女与父母两代人居住的房屋均为“田”字形结构，隔中庭相对而建，虽然相互独立，但可以通过共用空间和中庭相互往来

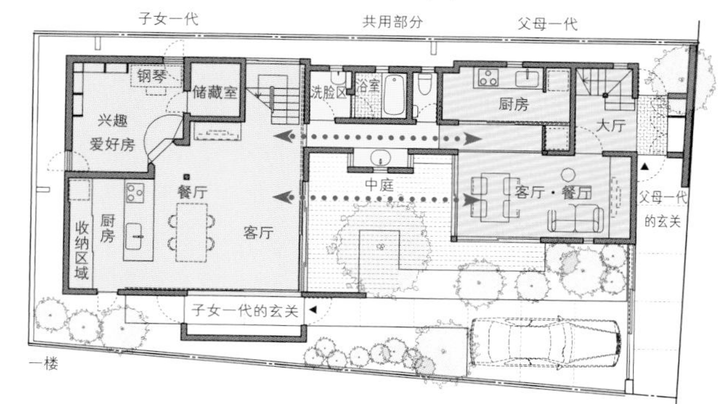

由主屋与副屋构成的两代住宅

朝向中庭一侧的落地玻璃推拉门

照片中的房间为主屋的客厅。在户外，主屋与副屋由露台连在一起，在室内，二者由走廊连在一起

人在主屋可以看到副屋的情况

由于副屋只有一层，因此可以建在主屋的南侧，不会影响主屋的采光

父母与子女住在一起的形式之一，就是在主屋旁建造副屋。对父母而言，无论与子女的关系多么亲密，都希望可以有一间自己的房间，可以不用顾及生活作息的差异。此户住宅地皮南北狭长，副屋建在南端，是父母的卧室。主屋与副屋之间是铺有木地板的中庭，与室内地面高度相同，可以赤脚进进出出。木框推拉门可以完全打开，突出室内室外的整体感。

彼此分离的房屋通过“户外客厅”加深联系

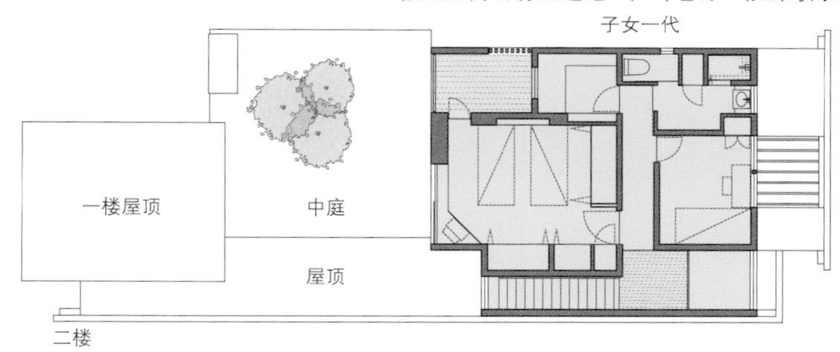

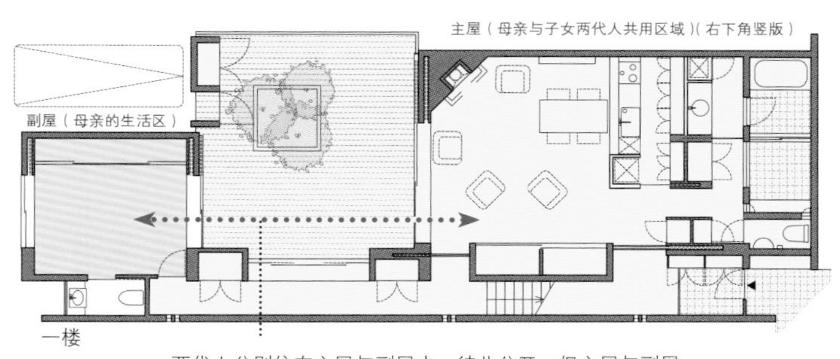

两代人分别住在主屋与副屋内，彼此分开。但主屋与副屋之间设有木地板露台（户外客厅），三个区域的地面间没有高度差，通过这样的设计，使得两代人间得以保持恰到好处的距离

上连雀的住宅

距离感恰到好处的上下式

子女一代的客厅、餐厅
餐桌一端附带水槽，住户可以在这里开办料理教室

父母一代的客厅、餐厅
室内装潢精致小巧，不远处就是户外的绿植与阳光

想要提高两代人生活的独立感，最有效的方法就是使各自房屋的玄关独立存在，彼此分开。虽然两代人都住在一栋住宅中，但只要将玄关分开，就可以确保两代家庭的独立性。以此户住宅为例，两个玄关分别安排在住宅的两端，旁边就是车库。一楼是父母辈的居住区，二楼、三楼是子女辈的居住区，一楼的部分区域为公用空间，将两代人连在一起。住宅为木质结构，隔音效果较差，楼上的声音容易传到楼下，因此设计师在一楼的天花板内安装有隔音材料。

两代人各自拥有一个玄关

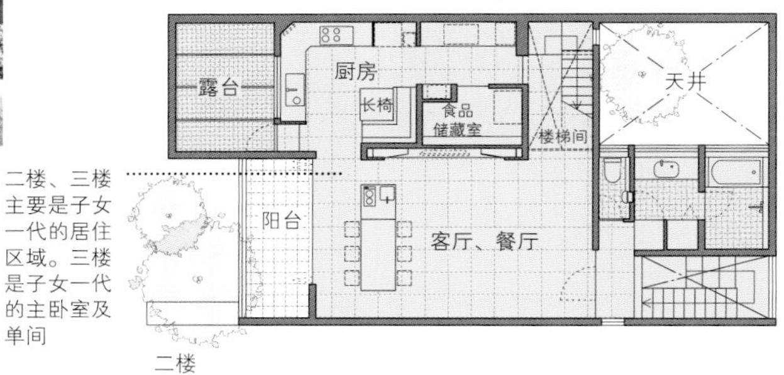

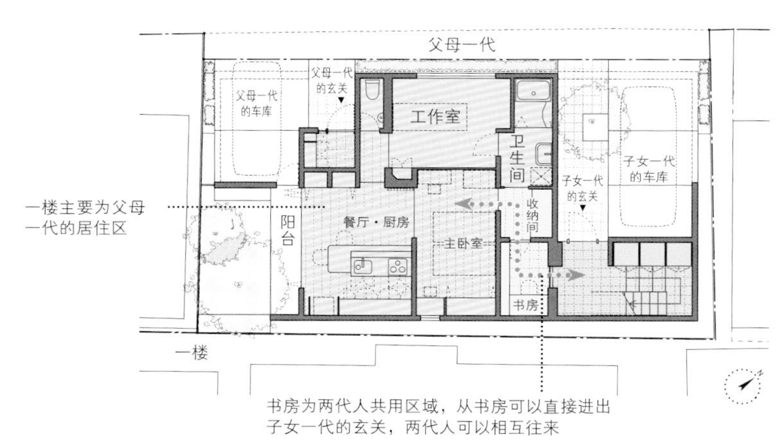

中庭连接两代人的生活空间

楼上的客厅与楼下的客厅

父母一代的客厅与子女一代的客厅都朝向中庭设计，位于一楼、二楼相同的位置（上）。两户客厅都朝南而建，采光极佳（左）

在住宅中建一个中庭，既可以保证整体采光效果，还可以阻隔周边视线，保护家庭生活的隐私。两代住宅中的中庭，除具有上述两种功能外，还具有连接两代人居住区域的作用。此户住宅为多层结构住宅，一楼是父母辈的居住区，二楼是子女辈的居住区。喜欢园艺工作的父母辈可以在中庭打发时间，同时，这里还是一处交流空间，两代人在保持适当距离的基础上，又彼此联系在一起。

两代人各自拥有一个玄关

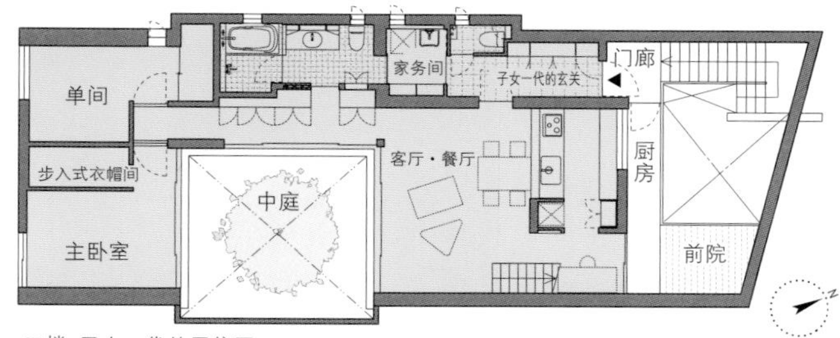

二楼 子女一代的居住区

父母与子女两代人分别住在住宅的一楼和二楼，既保持了一定的距离，又可以通过中庭感知彼此的情况

一楼 父母一代的居住区

相聚在客厅的两代人

全家聚集在视野极佳的三楼
客厅、餐厅为两代人的共用空间。照片右侧为厨房。钢架结构的拱形屋顶显得轻快不笨重

如果设计两代住宅时采取将两代人的居住区完全分离的形式，那么每个家庭的设计方案差异不会太大。然而在实际设计方案中，很多时候会设计一处两代人共用的生活空间，这样一来，设计方案就有了无限的可能。以此户住宅为例，平时生活中，父母辈与子女辈的生活区域完全分离开，但在某些时间、某些场合，父母辈也可以使用三楼的客厅以及一楼的客厅和会客室。三楼的视野极佳，除全家人在这里聚会外，来客人时也可以将客人带到这里欣赏窗外风景。这种形式的住宅必须要设计电梯。

活用两代人的共用区域

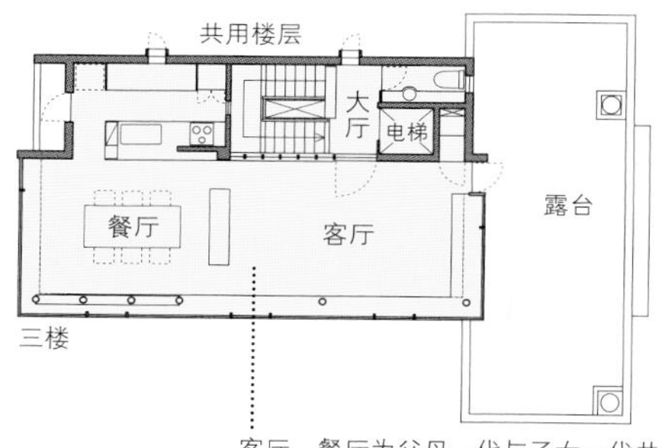

客厅、餐厅为父母一代与子女一代共用的区域。全家人在这里欢聚一堂

两代人生活的单间都位于同一楼层

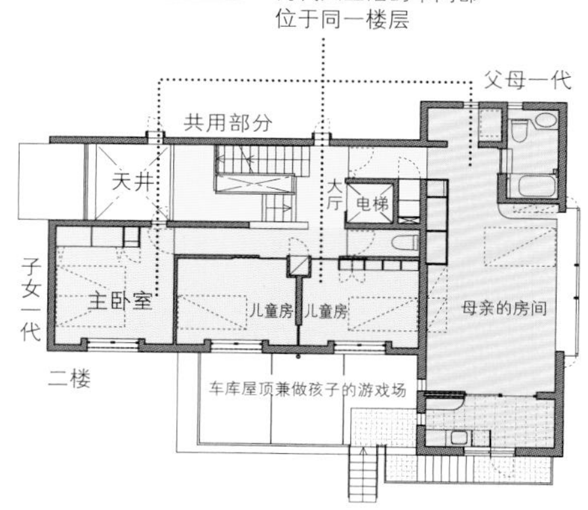

设置电梯
一楼公共部分的门厅。玄关上部挑空，具有延伸感，尽头处为电梯

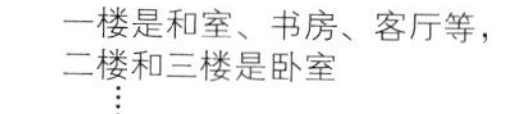

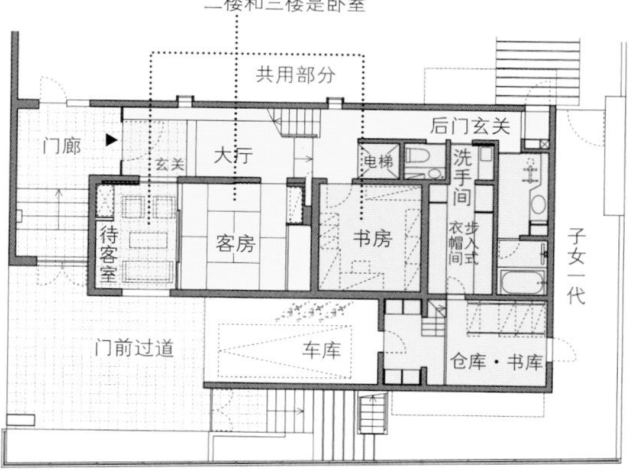

父母辈居住在采光极佳的三楼

二楼子女辈的LDK
二楼子女辈的LDK与三楼父母辈的房间布局相同，室外是露台，这样的设计既可以保护家庭生活隐私，又营造出一种开放感

守护家庭生活的厚重外观
住宅临街而建，隔壁还有其他住宅。外表封闭，内部开放，外墙上的窄窗为整体的硬朗风格带来一丝柔情

随着家用电梯的普及，年老的父母辈住在楼上的情况越来越普遍。在市区中，楼层越高，采光越好，视野越佳，住起来也就越舒服，因此一般而言老年人都希望住在较高的楼层。子女辈外出时间较多，住在楼下比较方便，而且他们白天几乎不在家，采光可能没有那么重要。从噪音角度考虑，如果子女一代住在楼上，会发出噪音影响父母休息，还是住在楼下比较合适。在进行设计时，要注意顶楼夏季的防暑工作，同时还要确保安全性，方便逃生。老年人在家中的时间最长，我们需要为他们打造最适宜居住的生活空间。

开放的露台将两代人连在一起

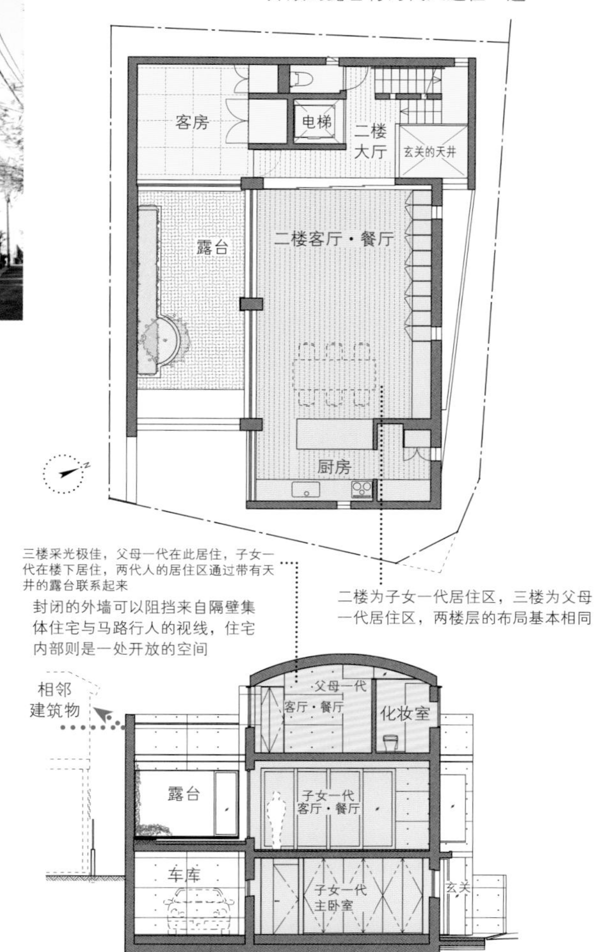

后记

迄今为止，我设计的住宅已经达到了150户。我如今更加深切地感受到，这些成果离不开与众多客户的相遇相识，离不开许多朋友对我工作的支持帮助。每一位客户对自己的住宅都有许许多多的想法，我会听取客户想法之后，再开始设计工作。

对设计而言，没有正确答案。回顾曾经的设计经历，我发现，判断设计优劣的标准有二：第一，便是遵循客户的要求；其次，便是自己是否也想住进当前正在设计的住宅。

我们通过媒体可以看到体现各种价值观的建筑，然而，要想设计出与自己血脉相通的作品，还是需要使自己先喜欢上这个作品，否则没办法继续进行下去。

我在长年的设计工作中，某些价值观或许也发生了改变。最近正在思考设计“正统派”住宅的难易度。我认为，“正统派”住宅并不是普通的住宅，它非常的淳朴，并没有任何值得炫耀的奇特之处。我想要在这样的“正统派”住宅中加入创造性元素与尖端元素，设计出超出常人认知的“终极正统派”住宅。

本书中选用的照片均为我自己的事务所的设计作品，我本人为其配文，但建筑物的一些要素是没办法在纸面体现出的。适宜的温度、关门时的声音、各种各样的要素组合在一起，才构成了一处令人满意的住宅。今后，我也将继续思考上述问题，与周围的人一同设计出更好的建筑。

这本书在出版时，得到了X-Konwledge公司三轮浩之先生的诸多帮助，借此机会，表示我诚挚的谢意。同时，也非常感谢清水润编辑、笠置秀纪设计师、堀内广治摄影师等诸位的大力帮助，感谢我事务所的工作人员进行图片制作。

作者简历

杉浦英一　Eiichi Sugiura

1957年　出生于东京都中央区

1983年　于东京艺术大学美术学部建筑科大学院修完研究生课程

1983～1993年　供职于内井昭建筑设计事务所

1993年　成立杉浦英一建筑设计事务所

1994年　担任室内设计师资格考试委员

1996年　担任YMCA设计研究所讲师

2007～2009年　当选日本建筑师协会中央地区分会代表

所获奖项

2000年“前桥的住宅”——NAX设计大赛金奖、2000年度群马之家县知事奖

2002年“辛夷树——庭院内的生活伴侣”——东京建筑大赏都知事奖及优秀奖

“今井町的住宅”奈良县景观调和设计奖

2004年“辛夷树——庭院内的生活伴侣”医疗福祉建筑奖

2007年“稻田堤的住宅”——温暖的居住空间设计大赛优秀奖

“今井町的住宅”——真正的日本住宅文部科学大臣奖

2008年“MOMO”入选日本建筑家协会优秀建筑

2011年“知粹馆”优秀设计奖

等等

摄影师

不含堀内广治在内

繁田谕（Nacasa & Partners）奥泽的住宅、永福町的住宅

山本庆太（Nacasa & Partners）目黑的住宅3

中川敦玲　前桥的住宅、上石神井的住宅、上连雀的住宅

SS企划　菊名的住宅

新建筑写真部　东大泉的住宅

雨宫秀也　户塚的住宅

后藤彻雄　滨田山的住宅

大槻茂　代田的住宅

SHINWA　六甲的住宅

车田保　蒲郡的住宅

山下TOMOYASU　南阿佐谷的住宅

斋藤正臣　高轮的住宅

黑住直臣

井尾干太

杉浦英一建筑设计事务所　沼津的住宅、东玉川的住宅、永福町的住宅

室内装潢

斋藤美纪（utide）　目黑的住宅、横滨的住宅4、目黑的住宅3

杉浦英一先生开设事务所二十余年来对于建筑的理解全部汇于此书之中。

此次出版的这本书中，还包含一些新的作品。

希望杉浦英一先生的思想能够一直存在于各位读者的心中，我将继承杉浦英一先生的梦想，与事务所的工作人员一同更加努力地走下去。借此机会，感谢平日里与我们一同工作的合作事务所以及施工企业的各位朋友。

此外，还要向给予本次出版机会的X-Konwledge公司三轮浩之先生以及参与图书编辑的各位表示诚挚的谢意。

2015年3月　杉浦美智

参与本书出版的工作人员

山代和宏　木藤秀太郎　臼井佑树　铃木绫子

村田晓子　又吉健仁　鸟村浩二　井上真

丸山日惠　能藤贵裕

杉浦英一建筑设计事务所

〒104-0061 东京都中央区银座1-28-16 二楼

tel.03-3562-0309 fax.03-3562-0204

http://www.sugiura-arch.co.jp info@sugiura-arch.co.jp

书中住宅索引

图书在版编目（CIP）数据

日系美宅：打动人心的家这样设计 / [日] 杉浦英
一著；谷文诗译. —北京：化学工业出版社，2017.2（2024.5 重印）
ISBN 978-7-122-28861-5

Ⅰ. ①日… Ⅱ. ①杉… ②谷… Ⅲ. ①住宅 - 建筑设
计 - 日本 Ⅳ. ①TU241

中国版本图书馆 CIP 数据核字（2016）第 324476 号

责任编辑：孙梅戈 王 斌　　装帧设计：王晓宇
责任校对：陈 静

出版发行：化学工业出版社（北京市东城区青年湖南街 13 号 邮政编码 100011）
印 装：北京瑞禾彩色印刷有限公司
787mm×1092mm 1/16 印张 12 字数 431 千字 2024 年 5 月北京第 1 版第12次印刷

购书咨询：010-64518888　　售后服务：010-64518899
网 址：http://www.cip.com.cn
凡购买本书，如有缺损质量问题，本社销售中心负责调换。

定 价：69.00 元